高等职业教育艺术设计新形态系列"十四五"规划教材

别墅空间系统设计教程

BIESHU KONGJIAN XITONG SHEJI JIAOCHENG

童 沁 钟峥嵘 编著

图书在版编目（CIP）数据

别墅空间系统设计教程/童沁,钟峥嵘编著. –重庆：西南师范大学出版社,2021.8
　ISBN 978-7-5697-0964-3

Ⅰ.①别… Ⅱ.①童…②钟… Ⅲ.①别墅－室内装饰设计－教材 Ⅳ.①TU241.1

中国版本图书馆 CIP 数据核字 (2021) 第 121725 号

高等职业教育艺术设计新形态系列"十四五"规划教材
别墅空间系统设计教程
BIESHU KONGJIAN XITONG SHEJI JIAOCHENG
童　沁　钟峥嵘　编著

责任编辑：袁　理
责任校对：张燕妮
装帧设计：何　璐
出版发行：西南师范大学出版社
地　　址：重庆市北碚区天生路2号
邮　　编：400715
本社网址：http://www.xscbs.com
网上书店：http://xnsfdxcbs.tmall.com
电　　话：（023）68860895
传　　真：（023）68208984
印　　刷：重庆新金雅迪艺术印刷有限公司

幅面尺寸：210mm×285mm
印　　张：7
字　　数：258千字
版　　次：2021 年 8 月 第 1 版
印　　次：2021 年 8 月 第 1 次印刷
书　　号：ISBN 978-7-5697-0964-3
定　　价：56.00 元

本书如有印装质量问题，请与我社读者服务部联系更换。
读者服务部电话：（023）68252507
市场营销部电话：（023）68868624　68253705

西南师范大学出版社美术分社欢迎赐稿。
美术分社电话：（023）68254657　68254107

FOREWORD
前言

别墅空间系统设计的历史可以溯源到几千年前的宅院式居住空间设计，在近现代以前它一直是人类最主要的居住方式。随着近现代人口爆炸式的增长，土地危机日益严重，逐渐形成了以高密度为特征的楼房居住形态，但别墅式住宅始终是人类最向往的理想居住模式。随着我国国民经济的发展和人们生活水平的提高，别墅建设已经成为城市建设中重要的一部分。

作为住宅空间中最具综合性、系统性、个性化的空间设计类别，别墅空间设计涵盖了室内空间、建筑空间和庭院景观空间三大部分的设计，是行业中最具有代表性的小型集合式空间设计。优秀的别墅空间设计具有提升物质及精神生活品质的作用，从宏观策划到细节塑造都需要设计人员具有良好的综合素质。市面上较多的关于别墅设计的书籍和教材都重在室内、家具或庭院等特定局部设计，涵盖室内外空间环境整体营造的书籍较少。正是基于此，本教材不同于同类书籍之处在于：以系统梳理理论知识及实践案例来建立别墅空间各部分的整体性设计理念和培养学生的实践应用能力。

别墅空间设计是高校室内设计专业的一门专业设计课程，具有很强的综合性和应用性。这门综合性的专业课程能培养学生的实践设计应用能力、综合思维能力及设计技巧等基本专业素质。对于学生而言，了解并掌握别墅空间系统设计的方法，能够运用理论知识进行别墅室内空间设计，这就是本课程开设的必要性和实效性。

高职类设计专业学生的培养具有强调实践性的取向，以"应用"为主旨和特征构建课程和教学内容体系是本书的特色。学校与企业结合、师生与设计师结合、理论与实践结合的人才培养是本教材的基本写作思路。以培养职业岗位群所需的实际工作能力（包括技能和知识等）为主线，突出自主学习地位，使学生能掌握别墅空间设计的基础理论知识，拓宽综合空间设计知识应用能力，提升对环境的审美素质，具备一定的技术应用和行业适应能力。

本教材的编写只是一种探索性的尝试，书中难免会有不妥之处，敬请前辈与同人们不吝赐教。

最后，向在编写本教材过程中引用到的参考文献及作品的诸位作者致以诚挚的谢意。

目录
CONTENTS

教学导引

第一教学单元
基于认知的别墅设计解读

一、别墅设计概述 02

（一）别墅设计的概念特征 02

（二）别墅设计的发展历程及风格流派 03

（三）别墅设计的发展趋势 06

（四）别墅空间构成类型和特征 07

（五）别墅空间设计的原则 08

二、别墅空间的组成关系 10

（一）别墅空间设计的理解 10

（二）别墅空间的相互关系 12

三、单元教学导引 14

第二教学单元
基于美感的别墅空间艺术处理

一、外部造型设计 16

（一）外部造型构图元素 16

（二）形式美法则 18

二、色彩的运用 21

（一）关于色彩 21

（二）色彩的基本概念 21

（三）别墅空间色彩的搭配原则与应用 25

（四）别墅空间色彩设计的方法 26

三、光的营造 27

（一）光的基本认识 27

（二）光源的选择 28

（三）照明的方式 31

四、家具与陈设 32

（一）家具 32

（二）陈设 35

五、单元教学导引 40

第三教学单元
基于功能的别墅室内空间设计

一、平面布局 42

（一）平面功能设计的原则 42

（二）功能空间的组合关系 43

（三）空间动线设计 43

二、空间塑造 44

（一）功能空间设计 44

（二）空间构成设计 68

三、单元教学导引 70

第四教学单元
基于协调的别墅庭院景观设计

一、庭院景观空间设计 72

（一）庭院景观功能定位 72

（二）庭院景观空间布局 72

二、庭院景观风格 73

（一）中式庭院 73

（二）日式庭院 74

（三）欧式庭院 74

（四）美式庭院 75

（五）东南亚风格 75

（六）现代风格 76

三、庭院景观要素设计 76

（一）铺装设计 77

（二）植物设计 78

（三）水景设计 82

（四）小品与设施设计 83

四、单元教学导引 84

第五教学单元
基于实务的别墅设计方法与流程

一、前期调研 86

（一）业主需求 86

（二）场地测量与调研 86

（三）分析与计划 87

二、初步方案设计 87

（一）设计立意构思 87

（二）平面图的设计与绘制 88

（三）相关要素的设计 88

（四）客户交流和方案优化 89

三、详细设计和定稿 89

（一）立面的设计 89

（二）材料与构造 90

（三）植物设计 90

四、设计表达 91

（一）设计构思表达 91

（二）设计成果表达 92

五、单元教学导引 96

第六教学单元
基于欣赏的别墅设计分析

参考文献 103

教学导引

一、教学基本内容设定

别墅空间设计是环境艺术专业的一门专业课程，着重研究别墅空间设计的基础理论、内部及外部空间设计，以及设计方法和流程等。此课程以增强学生的整体方案设计和绘图能力，让学生掌握别墅空间设计的技巧，为学生将来进行室内设计工作打下基础。

根据高等职业教育培养应用型人才的目标要求，依照国内高校环境艺术设计课程教学大纲确立本教程的体例结构，其基本内容设定如下。

基于认知的别墅设计解读。以理论阐述为主，使学生了解别墅设计概述及别墅空间的组成关系。

基于美感的别墅空间艺术处理。重点让学生了解别墅的外部造型设计，掌握别墅空间中色彩的运用、光的营造及家具与陈设设计。

基于功能的别墅室内空间设计。重点阐述别墅空间的平面布局设计及具体功能空间的塑造。

基于协调的别墅庭院景观设计。本单元的重点是让学生了解在别墅庭院设计中，应如何在基于人与自然和谐共生的基础上，协调建筑与环境的关系及室内与环境的关系。

基于务实的别墅设计方法与流程。以阐述科学的设计方法和流程为重点，让学生能按照系统的设计方法及合理的实施程序，把设计构思及创意清晰而真实地表现出来。

基于欣赏的别墅设计分析。以丰富的案例图片为学生开阔视野，让其学会独立思考，并逐步具有创造能力，以提高学生的学习积极性。

本教程具有合理的原理体系、良好的实用价值和充足的信息含量，不仅能有效地应用于实际教学活动，同时也能为环境艺术专业的学生提供进一步自学、深化和提高的空间。

二、教程预期达到的教学目标

本教程设定的目标也是教程预期要达到的目标，即通过本教程设定的基本内容的有效实施，通过别墅空间系统设计的教学，使学生掌握别墅空间设计原则、方法及流程，掌握别墅空间组织与界面设计的能力与技巧，掌握别墅空间的色彩、照明及陈设等方面的设计要点。由于本教程具有很强的实用性特点，通过对本教程的学习，一是让学生了解别墅空间设计的基础理论知识，二是掌握别墅空间设计的基本原则和设计法则，三是培养和提高学生的审美能力和设计思维能力，四是培养学生的设计应用能力，学生经过学习和实践训练，能基本具备一定的室内设计能力。

三、教程的基本体例架构

本教程的基本体例构架重在教学实用，贴近教学实践，贴近教学规律，根据环境艺术专业教学大纲规定的总学时，划分出内容不同、各有重点、循序渐进的教学单元。教师及学生应把握的教学目标、教学要求、教学重点、教学难点等在单元教学导引中也有提示，并且每一单元结束都有课后作业练习、思考题等。

在理论表述上，本教程依照逻辑顺序，将不同的理论层面纳入不同的教学单元，理论阐述注重选择重点，简洁明确，条理性强、易懂、易把握，不求全求深，注重时效性。通过理论学习、设计案例教学，培养学生独立创作的思维能力及设计动手能力。

四、教程实施的基本方式与手段

本教程实施的基本方式：教师讲授、多媒体辅助教学、市场调查、师生互动、小组讨论、作业练习等。

本教程实施的教学方式以任课教师传统的理论讲授为主，教师通过系统的理论讲授，目的是使学生通过系统的理论学习，对教程内容所涉及的基本理论与观念有一个清晰的概念，并且能准确把握。理论讲授借助多媒体、互联网等现代教学手段，进行图像式教学、支架式教学，通过对大量国内外优秀设计作品进行分析讲解，启发并引导学生去审美、思考、设计、动手，以帮助学生更直观地掌握设计方法和设计技巧，这是培养学生实际设计能力的重要措施。

课程教学的实施尽量采用开放式教学法，除了理论讲授之外，可采取师生互动、小组讨论的教学环节，以培养学生的团队精神、主题意识，对学生毕业后的就业，适应社会要求等方面都会打下一个良好的基础。另外，适当安排学生参与市场调查，了解当前环境艺术设计的发展趋势，参观项目施工工地并掌握施工图纸的运用，熟悉室内空间设计的整体流程，直观理解设计步骤，综合理性认识和感性认识，才能使学生更好地把握别墅空间设计。

单元作业训练同样是不可缺少的重要学习部分，设计学科的学习总是要通过实践来检验其学习效果，设计理念必须要通过实践来实现。

五、教学部门如何实施本教程

对于设计教学管理部门来说，可以将本教程作为教材使用，以规范教师的教学行为，督促教师以一种科学合理的方式进行教学，这样就有利于保证教学质量，对别墅空间设计这门课程的教学情况做出正确的评估。

本书作为一本应用性很强的设计教材，任课教师可以根据教材大纲和内容展开教学活动。学生利用教程，可以对教学安排心中有数，对教学内容有基础认识，从而进行自主学习。

六、教学实施的总学时设定

别墅空间系统设计属于基础课程，与室内空间设计一样，都是今后学生就业的一个渠道。别墅空间设计包含的内容很多，所以建议在教学设计上安排在二年级上期和下期，分两个阶段实施教学，每学期64~96学时较合适。同时，还要鼓励学生做大量的设计练习，培养学生的设计思维和设计方法。

七、任课教师把握的弹性空间

设计艺术教学本身就要求任课教师在同一教学计划的规范下具有个性化的教学特点。任课教师在教学活动中要有创造性和灵活性，应适时地根据学生的素质和学习状态以及学时安排，深化或延伸教学内容，融入教师自己的独特观点和见解，发挥任课教师的主动性，不要完全受教程的条框约束，要使教学活动生动活泼，富有个性。在教学方法和教学组织上，任课教师可以根据自己的教学思维，采用恰当的教学方法和组织形式进行讲授，教学方法可以灵活多样，没有具体的规范，综合运用教学对学生进行引导，使学生摸索到一条适合自己的学习方法，从而有效地、积极地获取知识。

在教学形式上可以将集中讲授与分组教学相结合，充分体现个性化教学。在课堂思维训练方面，可以选择一些能启发学生思维的作业命题，以快题的形式出现，以此来训练学生的快速反应能力。

第一教学单元

基于认知的别墅设计解读

一、别墅设计概述

二、别墅空间的组成关系

三、单元教学导引

在今天，别墅作为居住空间的一种高级形式而存在，已经成为稀缺的住宅资源。尽管别墅的建筑规模和空间尺度都很有限，但"麻雀虽小五脏俱全"，别墅空间几乎涵盖了居住空间中所有的建筑和室内外环境设计内容。别墅设计实践能全面提高设计师对室内外环境的整体塑造能力，这也是学习别墅设计的重要意义所在。

一、别墅设计概述

（一）别墅设计的概念特征

别墅，国外称之为"Villa"，意为庄园住宅或郊区住宅，中国历史上称为"别业"。《宋书·谢灵运传论》提及"修营别业，傍水依山，尽幽居之美"，用"别业"一词形容归隐山居之房屋。按《民用建筑设计术语标准》GB/T 50504-2009中定义："一般指带有私家花园的低层独立式住宅。"因此，别墅一般指在郊区或风景区建造的供休养用的园林住宅，是住宅之外用来享受生活的居所，是第二居所而非第一居所。别墅设计就是针对带有庭院的低层独立式住宅，基于人居环境空间设计理论，涵盖了建筑设计、庭院景观环境设计及室内环境设计的综合性住宅设计。也可将其理解为：根据特定环境及使用者个人喜好和经济能力，运用一定的物质技术手段，以实用功能为基础，以艺术为表现形式，形成安全、卫生、舒适、优美的整体室内外环境，以满足人们对高品质居住的物质功能和精神功能需要为目的，对建筑的内外空间环境进行系统化组织与营造的创造活动。

通常情况下，别墅设计有两点需要强调：人的主体性和环境的整体性。因此，设计的关键在于综合考虑并协调建筑空间、室内环境和室外庭院景观之间的密切关系。别墅设计需要在建筑设计与环境艺术设计之间产生碰撞，广泛涉及建筑学、景观学、心理学、环境美学、人体工程学、技术美学、植物学、生态学、社会学、文化学、结构工程学、信息智能化等多学科领域，要求设计中充分发挥主观能动性，运用多学科知识，进行系统性、多层次的空间环境设计。

（二）别墅设计的发展历程及风格流派

1. 别墅设计溯源

别墅发展的历史可以溯源到几千年前，但没有一个明确的时间点。人类的居住历史始于原始社会，以穴居、巢居模式作为开端，历经漫长的时代变迁而最终形成了目前所见的发展状况。在原始社会初期的聚居方式中，人类并没有隔绝于自然环境，更多的是利用自然环境形成能遮风避雨的简陋空间。至原始社会后期，聚落规模不断扩张，在住所附近出现了种植区域，并开始出现主观的农业生产，独立的居住方式才逐渐形成。随着生产力的进步、阶级的产生、相应的精神生活水平提高，人类开始进行初期的造园活动，为现代的别墅设计发展奠定了基础。

我国古代很早就出现了别墅，周维权先生在《中国古典园林史》中谈到，作为别墅古代表现形式的园林可理解为："在一定的地段范围内，利用、改造天然山水地貌，或者人为地开辟山水地貌，结合植物栽培、建筑布置，辅以禽鸟养畜，从而构成一个以追求视觉景观之美为主的赏心悦目、畅情抒怀的游憩、居住的环境。"因此，这一时期的中国园林从内容和性质上来看，非常近似于现在所定义的别墅设计。大的有皇家园林中的行宫和离宫，如上林苑、承德避暑山庄、圆明园等。小的有富商巨贾、地主乡绅修建的私家园林，以山庄、庄园为主。在魏晋南北朝时期，士大夫、文人名士等追求天人合一的自然景观和生活情态，使庄园别墅发展繁盛。东晋名士谢灵运在《山居赋》中就记述了其在会稽郡一处山地别墅的设计修建过程，西晋大官僚石崇为满足游宴生活和退休后享乐山水之需而营建了金谷园。唐代发展出了郊野别墅园，称为别业、山庄、庄等。其中包括白居易在庐山的草堂、杜甫在成都建的浣花溪草堂等（图1-1）。

相较于皇家宫苑的宏大规模，私家园林更体现出精巧、多样等特征，由土地、水体、植物和建筑综合构成的园林、山庄等，具有极高的艺术成就，同时也与现代别墅形式最为相近，可视作别墅在中国的起源。而后日渐成熟的苏州园林、岭南园林等将别墅发展推向了高峰。（图1-2）

别墅在国外的发展亦有悠长的历史：被火山掩埋的庞贝古城中的维蒂之家充分体现出了建筑与花园庭院之间的延伸关系（图1-3）；罗马的普林尼海边别墅充分利用了空间功能和气候等要素来塑造。1305年，意大利农学家皮耶罗·德·克莱森兹在其著作《田野考》（*Liber*

图1-1 与自然共生的文人别业 白居易庐山草堂（左图）杜甫浣花溪草堂（右图）

承德避暑山庄1 　　　　　　网师园水景

承德避暑山庄2  　　　　　　沧浪亭游廊
图1-2

图1-3 室内外环境协调过渡的维蒂之家

Ruralium Commodorum）中提出了对别墅管理的建议，更是对文艺复兴时期的意大利别墅设计具有借鉴意义。文艺复兴时期，意大利的别墅发展成就最大，美第奇家族修建了众多别墅，其中以埃斯特庄园、兰特庄园和法尔奈斯庄园三大别墅价值最高。（图1-4）

17世纪到18世纪的法国开始引领尊崇古典主义风格，别墅设计以凡尔赛宫和枫丹白露宫等为代表。同时，大量小巧精致的乡村别墅在欧洲兴起和完成。另外，在地中海、东方的印度和日本等地区别墅的发展也一直延续不绝，为别墅风格流派的形成和现代别墅的发展创造了条件。

2. 现代别墅设计的发展

西方别墅在早期发展阶段，主要以度假功能为主，延续至现代逐渐衍生出两种物业形式"Villa"和"House"。"Villa"保持着别墅最纯粹的血统，独立于山野间，无论规模大小和整体品质都保持较高的水平，而"House"在别墅领域则演变为"Townhouse"，即花园洋房这类经济型别墅居住形式。

进入19世纪以后，工业、商业及科技产业逐渐占据主要地位，随之带来了居住方式的巨大变革，形成了以传统欧洲国家和以美国为主的新兴国家两大地域之分，现代别墅设计主要依托于西方现代主义设计而发展，师承工业革命后的设计理念。随着现代主义思潮席卷全球，建筑大师们高产量地创造出特色各异的别墅作品，使别墅更加平民化、生活化和现代化。以机械美学为设计指导思想的现代主义设计大师也纷纷留下了设计史上浓墨重彩的代表作，其中勒·柯布西耶设计了萨伏伊别墅，弗兰克·劳埃德·赖特设计了流水别墅，密斯·凡德罗设计了玻璃别墅，阿尔瓦·阿尔托设计了古典现代主义作品玛利亚别墅等。（图1-5至图1-7）

20世纪以来，别墅设计更加呈现出百花齐放的繁荣景象，不仅限于单独的庄园，还增加了居住区、社区、城镇等大规

埃斯特庄园1 　　　　　　埃斯特庄园2

兰特庄园 　　　　　　法尔奈斯庄园
图1-4 多种水景结合雕塑点缀的意大利台地园

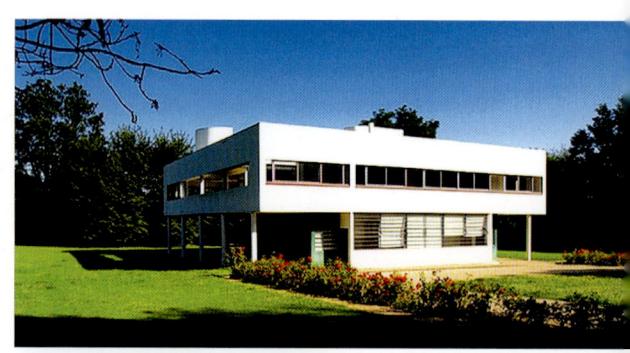

图1-5 勒·柯布西耶设计的萨伏伊别墅

图 1-6 赖特设计的流水别墅　　　　　　　　　图 1-7 古典现代主义的玛利亚别墅

模集合式别墅的存在形式,这种大规模的别墅群形式迅速发展壮大。广泛引入新材料、新技术和新理念,推崇个性化设计、智能化设计和生态化设计,同时强调传承地域文化进行的混搭设计也成为设计主流。即便如此,当今的别墅设计体系仍主要建立在西方现代别墅发展基础之上。

3. 别墅设计的风格流派

随着社会经济水平的发展,人们的生活水平也随之同步提升,对于自身居住环境的要求也赋予了更加个性化的风格特征。进行别墅设计时,应该依据业主对居住功能和个人审美的需求来定位,使设计作品既让业主满意,又能体现设计师独到的文化底蕴、设计能力和风格品位。

什么是风格?《辞海》中给出的解释是:风格乃是"风度品格"。其中"风"字有风貌、风韵、风姿和风雅等意思;"格"字有格式、格调、格律和格度等意思。由此可见,风格是一事物内在规律和外部表现形式的综合,相同的风格聚积而成流派。风格和流派是不同时代背景下,不同地区人民的设计智慧逐渐发展形成的具有代表性的设计形式。风格与流派的演变有着复杂的背景,它们所根植的土壤综合涵盖了所处的地理环境、当时的生产力水平及经济基础、独有的社会结构、地区的文化范式甚至某些特殊人群的影响等。因此,风格和流派始终呈现出多元化特征,通过造型语言表现出精神风貌、艺术品格和格调风度。风格是别墅空间设计的灵魂,是人类文化千百年来的传承。由于别墅设计与建筑设计、室内设计紧密相关,因此别墅的风格基本与建筑和室内风格流派保持一致。

建筑风格主要有古希腊风格、古罗马风格、拜占庭风格、哥特风格、古典主义风格、新古典主义风格、装饰艺术风格、巴洛克风格、洛可可风格、伊斯兰风格、日式风格、浪漫主义风格、现代主义风格、折中主义风格、后现代主义风格等。

而室内装饰的艺术表现形式深受时代生产力水平和文化表现形式的影响,呈现出诸多与文化特征相应的风格,被普遍认可的室内风格主要有高技派、光亮派、国际派、光洁派、后现代主义派、解构主义派、新古典主义派(历史主义派)、新地方主义派(新方言派)、白色派、银色派、超现实主义派、孟菲斯派、超级平面美术派、绿色派、色调派等。

别墅的设计风格是基于建筑风格和室内装饰风格共同演进的,同时,融合了各地区各民族独有的文化传统、民风民俗及生活习惯等因素,常见的几种流行风格包括欧式风格（古典欧式与现代欧式）、美式乡村风格、地中海风格、东南亚风格、中式风格（传统中式和新中式）、日式禅意风格、伊斯兰风格、现代风格等。其中欧式风格涵盖了整个欧洲的主流风格，以英式、法式、北欧风格最为突出。这些风格特色鲜明，丰富了别墅的设计形式，促成了百花齐放的设计局面。（图1-8、图1-9）

（三）别墅设计的发展趋势

别墅设计有着悠久的发展历史，也随人类社会的变迁而发生着改变，不同时代有不同的设计特点，就当下而言，社会生产力水平高速提升，人口膨胀式增加，可利用的土地资源急剧减少，环境污染问题日益严峻，人们生活方式的信息化和集约化不断加强。在各种矛盾凸显的状态下，人们对理想居住方式的追求初心不变，人与环境协调发展的理念是当今别墅设计的趋势和发展方向。

同时，我国房地产业繁荣发展的初期热衷于所谓"特色主题"景观风格，开发商和设计者们付出了极大精力在全国各地广泛打造洋派风格居住区，形成了很多"程式化"别墅，这在一定程度上限制了别墅建筑风格的个性化。人们的生活方式、心理需求、文化素质、审美情趣、风俗习惯等不同，对自己的家各有要求，因此催生了室内空间的个性化。在建筑设计程式化和室内设计个性化的矛盾发展之中隐含着一个共同点，即营造一个高品质的生活空间，不再局限于对室内空间硬装的重视，同时对别墅庭院、软装陈设、整体风格的控制也有了更多考量。这样的现状为别墅设计师提供了更多的发挥空间，当然，对技能水平的要求也更高。

图1-8 中式风格

图1-9 欧式风格

别墅居住区由于低密度的特征，发展规模受到严格控制，但别墅作为人们的理想居住形式，象征着一种追求完美的生活文化，带给人更高的精神享受，仍有较大的发展前景。随着东西方文化的交融和生活方式的趋同，人们对别墅风格的适应能力及要求都将逐步增强，未来别墅设计更趋向于一种文化回归，体现居住者多样式的个性特征及生态化的发展模式。

（四）别墅空间构成类型和特征

1. 别墅设计的特征

别墅设计区别于其他居住空间设计的最大特点是具有极强的针对性、整体性和综合性。设计的目的在于在保持功能完善合理的基础上，尽可能地实现广义上的设计美学价值及狭义上别墅主人的个人审美需求。立足于建筑学角度分析，别墅设计兼具因地制宜的空间独立性和因人而异的功能集合性；立足于室内设计角度分析，别墅设计的室内环境与建筑环境融合共生，与室外庭院环境隔而不断、相互渗透；从庭院景观角度来看，别墅设计是实现人与自然和谐共生的活动空间，在庭院中能真正地亲近土地、体验农耕、培育园艺等。

2. 别墅空间构成类型

由于土地资源短缺，人地关系紧张，当代别墅发展出了许多新兴的形式，这些种类的别墅一定程度上能充分发挥土地价值，提升人类优质居住空间供应量。别墅空间本身具备独特性，又因其多样化的形式而体现出不同的设计侧重点。本书研究的别墅设计所针对的对象空间主要有以下四类。

（1）独栋别墅

独栋别墅是继承了别墅最纯正血统的种类，历史最悠久，也是当代住宅产品中最稀缺的品种。以独院式平房或二至三层楼房为常见形式，拥有独立的建筑空间和私家花园，居住功能配备完善，建筑周围多有绿地和院落围绕，隔离了外部环境的影响，是私密性极强的独立空间。别墅区建筑密度很低，户外道路、配套设施、绿化等都有较高的标准。当然，作为别墅最理想的形式，其市场价格也高，主要购买群体是高收入者或中产阶级。（图1-10）

（2）双拼别墅

双拼别墅也算独栋别墅的一种，主要是由两个单元的别墅拼联而成。这种形式的别墅能降低社区密度，同时也保证了较好的别墅价值。拼联在一起能留出更加宽阔的户外休闲空间，三面采光，窗户也较多，能

图1-10 独栋别墅

提升居室的通风和采光效果。（图1-11）

（3）联排别墅

联排别墅通常指带有花园草坪和车库的平房或二三层联排式小楼，由三个或三个以上的单元住宅组成，国外称为"Townhouse"。各单元的墙体连接在一起，一墙两户，建筑进深较大，开间较窄，有统一的平面布置和独立的入户空间。联排别墅是最常见的经济节约型别墅形式，有一定的独立资源，又有紧密的邻里关系。（图1-12）

图 1-11 双拼别墅

图 1-12 联排别墅

（4）叠拼别墅

叠拼别墅是联排别墅的一种延伸，与别墅的最初形态已相差较远。每个单元由二至三层的别墅户型复式住宅上下叠加在一起组合而成，一般有四至七层。建筑开间和进深比联排别墅更丰富一些，整体建筑形态容易有错落有致的表现。叠拼别墅在空间特征上接近于公寓式居室，可享有的户外空间较小，但也算是低密度住宅中较经济的一种形式。（图 1-13）

（五）别墅空间设计的原则

别墅设计作为居住空间设计的一个典型部分，以特定的人群为消费对象，以满足较高的特定需求为目标。总体设计原则应满足一切与居住空间设计相关的基本要求，要紧随时代发展，

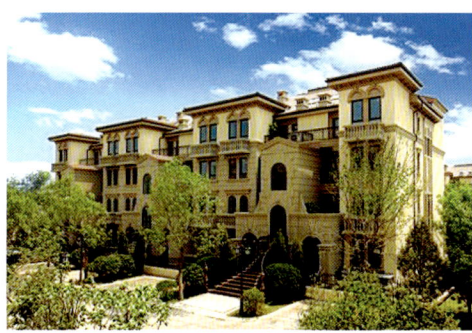

图1-13 错落的叠拼别墅

尤其注意以人为本,以文化为根,做到以下四个方面。

1. 人性化原则

别墅作为人的私密居住空间,应充分体现个性化的人文关怀。业主的年龄、性别、审美和工作等各有不同,对应的别墅空间设计也应有不同的个性。设计应最大限度地满足空间物理环境设计,功能与形式要保持统一,细节设计充分人性化。设计者必须掌握好人体工程学、环境心理学和行为学、环境美学等,把握最前沿的技术发展状态。设计构思注意因人而异,空间要满足业主的喜好,并充分体现业主的身份特点,代表业主的人生态度,使别墅居住环境给人以物质和精神层面的享受。

2. 艺术文化性原则

别墅应遵循当地的自然地理环境和人文文化背景,尊重不同民族的民俗民风需求,体现丰富的人类文化积淀。高度重视设计美学的相关原理,在空间形态、色彩、材质、照明、家具陈设等方面灵活运用,营造具有表现力和感染力的别墅环境,创造具有生命力的生活方式,满足业主对居住空间的美好构想和使用体验。

3. 安全实用性原则

人的安全需求是人类最基本的生存需要,保证个人财产安全、保证私生活不受侵犯等是别墅设计的重要原则。在空间领域的划分和塑造上要利于空间的安全保卫。同时,要注意控制别墅的修建成本和使用成本,提升设计和施工的有效性,以实现经济实用性的目的。

4. 可持续发展原则

可持续发展作为人类社会发展的一大基本原则,在别墅设计中主要体现为两点。一是生态可持续性,即设计修建时应尽量保证不破坏生态平衡,装饰装修材料和采光通风应注意环保节能,植物配置注重多样性搭配。二是技术工艺的可持续性,别墅设计应紧跟时代的发展趋势,充分体现当代新兴设计理念和标准,利用新材料和新工艺,注重日常生活中对新科技的适应,保持别墅的先进性。

二、别墅空间的组成关系

别墅空间可视为建筑空间、室内空间与庭院空间的组合。对别墅空间进行整体设计时,首先需要掌握空间的性质、功能、特征等基本原理,对分割空间的界面设计有深入的了解。针对各个部分予以准确的定位、调整和完善,保证设计的系统性和差异性,最终营造舒适的居住环境。

(一)别墅空间设计的理解

1. 空间与界面

空间与界面是一切环境设计的基础,在别墅空间设计中,呈现出更有张力的特点。空间是与时间相对的一种物质存在形式,表现为长度、宽度、高度,是人们能感知和认知的知觉场。在《辞海》中空间没有独立的解释,空间和时间是一个完整的词组,没有离开时间而独立存在的空间。空间不是永恒固定的,按昼夜、季节、时间长短发生着变化,自身不会是完全"开放"的、"自由"的或者"中性"的。空间始终处于使用的关系之中,受到大小、分类及设计倾向等要素的制约。空间作为一个有大小变化和使用功能的场所是不是凭空出现的呢?答案当然是否定的,需要明确一点,在建筑设计、环境艺术设计等领域中,空间主要是指由建筑结构和围护体形成的,有一定体量的三维环境。这些形成空间的要素就是界面,有界面就能围合成空间,有空间就有界面。界面就是分隔出空间的骨骼,空间也因此而有了形状。如同水本身是无形的、不定的及流动的,但当它注入某个容器之中时,容器的形状就是水的形状,空间与界面的关系亦如此。

空间主要包含空间结构、空间形态、空间功能、空间动线等组成部分。空间的分类方式是多样化的,芦原义信在《外部空间设计》中将空间抽象为积极空间和消极空间;从建筑结构的性质不同可分为固定空间和活动空间;从围和程度上分为封闭空间、开敞空间或半封闭半开敞空间;从空间主次关系上分为私密空间、共享空间、过渡空间和交通空间;从空间的几何形式

图 1-14 室内界面

图 1-15 室外界面

分为垂直空间、水平空间、下沉空间、凹室与外凸空间、曲面空间等。别墅空间是人类改造自然，并使之成为具有保护性的、适宜生存的高级居住环境，它反映了人的生存生活需求，也影响和制约了人的活动，使个体活动在特殊的私人空间中可以区别于在公共环境中的社会属性。

既然界面之于空间就如同容器之于水，那么塑造空间的界面承担着重要任务，是功能、文化、艺术、个性的物质载体。不同位置的界面起到的作用是不同的，地面主要功能是承重，墙面作用在于划分和围合空间，顶面则是保暖、遮雨、遮阳和划分垂直空间，是决定空间室内外的依据，具有重要的地位。界面设计中包含的尺度、形式、色彩、材料、肌理等是烘托空间氛围的重要因素，能奠定基本的环境风格特点。界面在室内空间中则涵盖了底面、侧面和顶面三个部分；而在室外空间中则主要体现为墙面和地面，庭院设计中的植物也是界面的一种表达方式。（图 1-14、图 1-15）

空间与界面是有机结合、不可分割的两个部分，从别墅设计的整体观念出发，必须将空间设计与界面设计结合起来分析对待。坚持功能性原则、形式美原则、实用性原则、协调性原则、质感性原则等，完善别墅空间的布局、构图、交通流线、意境和风格的营造。

2. 别墅空间设计的规律

更进一步地理解别墅空间，其实质是由建筑表面、铺地、节点、树及街道设施等围合产生的信息场，使用者通过各种感官与周围边界的接触来感受这些元素，从而产生空间体验。空间与人的必然联系决定了空间功能、空间及使用者之间是一个互相牵制的系统，三者的关系是开放且不可割裂的。随着交往的发展，空间也不断地向更高级、有机化方向发展。日本建筑师丹下健三所述："在现代文明的社会中，所谓空间，就是人们交往的场所。"别墅空间是一个私人空间，是家人与亲友交往的场所。（图 1-16）

别墅空间可划分出多种使用层次，人的行为心理是人与空间相互关系的基础和纽带，是设计的依据和本源。关注空间体验是设计师在进行空间设计时的核心问题。因此，别墅空间中所有的功能要素、审美要素、文化要素等都应建立在业主的个性需求之上，以人为本是首要遵循的定律。

图 1-16 使用者通过感官认识空间并获得空间体验

（二）别墅空间的相互关系

别墅空间由建筑划分出了室内空间和室外空间两大部分。一般来说，别墅会有至少两层的建筑空间或者更多，在室内空间中配置有车库、地下室、各类居室等，而室外部分主要有入户道路、庭院、停车区、露台等功能区。只有室内外空间的相互关系协调处理，才能真正实现别墅空间的核心环境价值。

1. 室内环境与建筑的关系

首先，建筑是家的"城堡"，包括建筑外观和室内建筑空间，别墅设计中的室内环境是依托于建筑所界定的内部空间而形成的。其次，从风格上来说，室内环境应尽量与建筑外观风格相协调，结合使用功能和业主个性特色而形成统一的

图1-17 充分利用建筑空间特点的别墅设计

效果。最后，从空间布局上来说室内设计应充分考虑建筑方位、结构布局和通风采光等要素的影响，创造性地划分室内功能空间，充分利用建筑灰空间及屋顶、阳台，保持空间特色，最大限度地实现空间的集约型使用。（图1-17）

2. 室内环境与庭院景观的关系

别墅空间最吸引人的一点在于实现了居住环境和自然环境的有机融合。因此，在处理室内与庭院空间关系时，应充分认识到亲近自然对于别墅空间的重要性，用多种手段达到室内空间室外化，室外空间室内化的目标。一方面，庭院景观是室内空间和视线的延伸，是别墅整体风景的重要组成部分。庭院景观透过门窗便成了室内墙面的一幅画，中国古典园林常用的借景和框景手法就是强调这种空间渗透。另一方面，庭院景观是别墅私密空间与外部公共空间的过渡，承担着隔绝外部干扰、降音防尘的生态功能，同时向外部传达出业主的个性形象和生活品位。（图1-18）

图1-18 室内外环境自然过渡的别墅设计

三、单元教学导引

- **目标**　通过本单元学习，了解别墅设计的发展历史，把握别墅设计涵盖的内容，理解别墅设计的目的和意义。
- **重点**　掌握别墅发展史、别墅设计风格与流派。
- **难点**　把握别墅设计的理论基础和别墅空间的组成。

> **小结要点**　本单元内容涵盖范围广，涉及多个学科的交叉，分为两大部分。其中别墅设计的基本概念、发展历程及风格流派是必须掌握的基础，明确别墅空间是建筑空间、室内空间与庭院空间的组合，有利于理解别墅空间设计的对象、构成关系和特征。从而建立基本的别墅设计意识和基础理论体系。

为学生提供的思考题

1. 什么是别墅设计？
2. 别墅设计的起源是什么？
3. 别墅设计的特征是什么？
4. 别墅设计的风格主要有哪些？
5. 别墅空间构成的类型有哪些？
6. 如何理解别墅空间及其各部分的关系？

学生课余时间的练习题

1. 简述别墅设计原则在实践中的应用。试举例说明。
2. 总结别墅设计的风格。

作业命题

选取至少两个各具特色的不同风格别墅进行案例解析对比。

作业命题的缘由

通过对原理、原则的理解和案例解析，从理论及实践方面共同辅助理解别墅设计整体内容。从而掌握别墅设计的发展历程及趋势。

命题作业的具体要求

1. 至少选择两个案例，案例要特征明确，并具有代表性。
2. 尽可能扩展阅读面，学习运用多种方法分析案例并印证观点。
3. 分析应基于客观内容，体现较强的主观意识。

为学生提供的本教学单元参考书目

周维权. 中国古典园林史[M]. 北京：清华大学出版社，1999年.

伊丽莎白·伯顿，奇普·沙利文. 图解景观设计史[M]. 肖蓉，李哲，译. 天津：天津大学出版社，2013年.

约翰·派尔. 世界室内设计史[M]. 刘先觉，陈宇琳，等译. 北京：中国建筑工业出版社，2007年.

文健. 建筑与室内设计的风格与流派[M]. 北京：清华大学出版社，2007年.

深圳视界文化传播有限公司. 别墅风格大观[M]. 北京：中国林业出版社，2015年.

林鹤. 西方20世纪别墅二十讲[M]. 北京：生活·读书·新知三联书店，2007年.

第二教学单元

基于美感的别墅空间艺术处理

一、外部造型设计

二、色彩的运用

三、光的营造

四、家具与陈设

五、单元教学导引

一、外部造型设计

（一）外部造型构图元素

别墅建筑的外部造型是别墅空间设计的一部分，它包含了屋顶、门、窗、墙、阳台等基本建筑要素。在这里，这些基本建筑要素被抽象成概念性的构图元素——点、线、面、体，以便协调元素间及元素与周围环境的关系。这些构图元素本身不具备审美功能，也不会主动组成"理想形态"，它们主要通过建筑形式、质感、材料、光与影的调节、色彩等有形要素表现出来，并且根据美学要素来体现别墅建筑设计的艺术性与建筑美感。

1. 点元素

点在别墅外部造型中是最基本的也是最灵活的元素，其能够引导视线且具有集中凝聚视线的效果，容易形成视觉中心。几何上的点只有位置而无形状和大小，但在视觉造型设计中，点既有位置，也有形状和大小，它既可以是平面的，也可以是立体的，还可以是方的、圆的。在同一视觉注意范围里引起视觉印象的，与周围环境对比比例相对独立细小形态都有点的效果。在别墅外部造型中，门、窗、洞、阳台等要素与其他造型要素相比相对较小而且具有吸引视线的作用，所以点元素的具体形态表现为：门、窗、洞、阳台等。（图2-1）

门、窗、洞、阳台等具体形态作为别墅外部造型中的点元素可通过排列形式、形状大小等不同来形成千变万化的组合方式，带来灵活多变的造型特征及不同的视觉效果。点是所有形态的起源，也是构成其他造型元素的基础，门、窗、洞、阳台等具体形态其面积虽小，但是能在整个别墅外部造型中起到重要的作用，构成强大的生命力。

2. 线元素

在别墅外部造型中，线所表现出来的视觉冲击力更为丰富和强烈，也是最能代表情绪和最具表现力的视觉元素。在艺术造型中，线的粗细、曲直、长短都是相比较而言的，不能受常理拘束。在建筑外部造型中，线不仅能划分区域与空间，线的虚实曲直还能构成虚幻多变的图形。线的类型包括几何线和自由线，几何线包含了直线、曲线、抛物线、圆弧线、折线等，具有速度、动力和弹力的美感。从构成方式来说，主要有面化的线、粗细变化的线、疏密变化的线、不规则的线。前三种构成方式能让线在外部造型中呈现出不同的表情形态，而不规则的线条，具有丰富的表现力和视觉艺术魅力，是表现韵律构成的最佳方式。线元素在别墅外部造型中的具体表现形态为：建筑轮廓、装饰线、材料分隔线，以及由点元素连续排列形成的线等。（图2-2）

图2-1 具有点元素的别墅外部造型

图 2-2 具有线元素的别墅外部造型

图 2-3 具有面元素的别墅外部造型

3. 面元素

点的无限扩张、线的无限膨胀都能形成面。面是线移动的轨迹，是形体的外表，有宽度无厚度，具有重量和面积的性格。面大致可分为直线形的面、几何曲线形的面、自由曲线形的面和偶然形的面，面的形态、色彩、材质等会让视觉世界更加丰富饱满。因此在别墅外部造型中，面元素的运用对视觉效果的影响也比较强烈，它的具体形态表现为墙面、屋面、悬挑的部分底面等。(图 2-3)

在别墅外部造型中，可利用面的构成方法对具体形态（墙面、屋面、悬挑等）进行组合、叠加、渐变、扭曲等。通过这样的应用，能丰富建筑的表现语言，影响建筑的视觉特征。点、线、面元素的综合使用，对建筑外部造型带来雕塑立体语言的生动性和形式的多样性。

图2-4 具有体元素的别墅外部造型

4. 体元素

体是由面与面的组合而构成的，是在三维空间中实际占有的形。作为建筑形态构成中的体主要是指有明显的空间性、体积感及显著的体块。体块充实的体量感和重量感比点、线、面强烈。不同形态的体具有不同的个性，同时从不同的角度观察，体也将表现出不同的视觉形态。体有几何形体和非几何形体两大类，可通过如下方法构成：线立体构成、面立体构成、块立体构成。线、面、体综合立体构成体元素在别墅外部造型中的具体表现形态为：由建筑的各实体部分生成各自的内部空间及其组合而成为大的建筑整体。体元素在一定程度上决定了建筑物整体形象的概貌，反映了建筑的大致形态，因此体元素是建筑造型构思中很重要的环节。（图2-4）

（二）形式美法则

1. 比例与尺度

比例是指一个物态或一组造型内的尺度比较，像高度与宽度，上部与下部，整体与局部，局部与局部的尺度、分量、面积、色彩（纯度、明度）、材质肌理的量化对照。如希腊的帕特农神庙，它东西两面各8根柱子，南北两侧各18根，东西宽31米，南北长70米。东西两立面（全庙的门面）山墙顶部距离地面19米，也就是说，其立面高与宽的比例为19∶31，接近早期西方学者从几何学、哲学的领域研究比例的规律性法规，得出的数学比例——"黄金分割比"，在现代审美中，它也显得气宇非凡、优美无比。在设计中要注重比例，调整控制各造型元素之间的比例，达到相对的时代美感。由于建筑本身受建筑形式、结构体系和材料的影响，所形成的比例是有很大差别的，所以不能把期望的完美数字比例强加于建筑的结构系统。

尺度是指物与人（或其他易识别的不变要素）之间相比，不需要涉及具体尺寸的。尺度不同于比例，比例较尺度来说更加理性，在别墅外部造型设计中要充分考虑人的观察点、视距视角等，把别墅外部造型设计中的尺度分为细部尺度、近人尺度、街道尺度、整体尺度和城市尺度。（图2-5）

图2-5 形式美法则中比例与尺度带来的美感

图 2-6 通过体量、线条的变化体现别墅外部造型的节奏与韵律

2. 节奏与韵律

节奏本是指音乐中音响节拍轻重缓急的变化和重复，在设计上是指同一视觉要素连续重复时所产生的运动感。韵律是节奏的"夸张或动感"形式，是形态元素有规律地反复出现，构成极富起伏变化。节奏与韵律在空间设计中是密不可分的统一体，是美感的共同语言。在现代建筑中可运用连续韵律、渐变韵律、起伏韵律、交错韵律四种设计手段，形成韵律美造成节奏感。在别墅外部造型设计中，可利用其具体形态元素（如窗、阳台、门等）有规律地排列重复，形成特有的节奏感和韵律感（图 2-6）。因为别墅外部造型设计强调个性化，所以形态元素不能只是简单的重复，否则会显得造型呆板。而且由于窗、阳台、门等的形式不同，也容易缺乏统一元素的控制，产生凌乱感。所以，建筑具体形态元素的巧妙运用，再通过色彩、材质的搭配，可以打破形式的单调，强化造型的韵律。

3. 对称与均衡

对称是指借助中分线，能使造型的上下、左右两部分的形量相等或形态重合，这样构成的形即为对称形，这样的形体便是对称形体。

均衡也叫平衡，不是平均分布，借鉴物理专业术语来分析，是以支点为重心点，从视觉上保持相异形体两侧的力学平衡形式。中国古代的宫殿、寺庙、陵墓等公共建筑都是通过对称布局的方式形成单一的建筑，进行组合成为统一的建筑

图 2-7 通过别墅外部造型体现对称与均衡的美感

图 2-8 对比中求变化，活跃别墅外部造型

群。在西方，从文艺复兴至 19 世纪后期，建筑师们也倾向于用对称的手法设计建筑。在别墅外部造型中，完全对称的设计手法体现的是庄重、条理、静态美感，但是处理不当也会产生呆板、笨拙等意象。相对而言，均衡的设计手法在别墅外部造型中能达到轻快、活泼的视觉效果，体现一种动态美感。（图 2-7）

4. 对比与微差

对比也就是元素之间的相互比较，突出构成要素中对抗性因素，可使造型、色彩效果更生动、活泼、个性鲜明。在空间设计中对比的手法运用无处不在，如材质肌理、质地的对比；色彩冷暖、明暗的对比；风格传统与现代的对比、直线与曲线的对比、虚与实的对比等。微差则是指不显著的差异，可以借元素相互间的共同性达到和谐统一。如图 2-8，在三座别墅外部造型中，都采用对比的设计手法，营造呈矛盾状态的美感化视觉或触觉效果，符合审美法则要求。

二、色彩的运用

（一）关于色彩

色彩是自然界客观存在的，是一种物理现象，是光线作用于物体后产生的不同吸收、反射的结果，也可以说色彩是光刺激人的眼睛所产生的视觉反应。著名建筑设计师柯布西耶说过："颜色可以给人带来新天地，通过建筑物色彩的使用，可以激发人生理上最热烈的响应。"所以色彩是环境设计中的重要组成部分，也是别墅空间设计中最积极、最活跃、最富有创造力的要素之一。（图2-9）

（二）色彩的基本概念

色彩是当光照入眼睛后由视觉神经产生的感受，所以人所感知到的色彩源于光线，没有光线人就感知不到色彩。在别墅空间设计中要灵活地运用色彩，首先要了解色彩的基本概念。

1. 色彩的三要素

色相、明度和纯度是色彩的三要素，这是构成色彩的基本元素，也称为色彩的三属性。色彩的三要素是我们使用色彩和感知色彩的主要依据。

（1）色相

色相是指各个色彩的名称种类，即色彩的相貌属性，也就是说色相是指色彩的相貌。颜色最基本的特征就是色相，红、黄、橙、绿、蓝、紫这六个具有基本色感的色相构成了色彩体系中的基本色相。由于色的不同是因为光的波长有长短差别，而不同的色彩都有自己的波长与频率，所以人们能感知到不同特征色彩的相貌属性。

（2）明度

明度是指色彩本身的明暗程度，明度越高，色彩越亮；明度越低，色彩越暗。色彩可以分为有彩色和无彩色，在无色彩中，明度最高的是白色，明度最低的是黑色，从白色至黑色之间存在一个从亮到暗的灰色系列。明度是所有色彩都具有的属性，而每个色彩均有自己的明度属性。例如，黄色为明度较高的色彩，而蓝色的明度则相对较低等。

（3）纯度

纯度是指色彩的鲜艳程度和饱和度。纯度越高，色彩越鲜艳；纯度越低，色彩越灰暗。每一种

图2-9 别墅空间中的色彩体现

颜色的饱和度达到最饱和程度时，便是色彩的最高彩度，也就是该色相的标准色，红、橙、黄、绿、青、蓝、紫便是高纯度色彩。

在别墅空间设计中，要合理地运用色彩三要素，才能通过色彩神奇的魅力营造室内氛围，创造出富有变化的色彩空间。

2. 色彩的混合

红、黄、蓝是色彩的三原色，自然界中的色彩虽然绚丽多姿，但都是在红、黄、蓝这三种色彩的基础上派生而来的。这三种色彩是不能用其他颜色混合调和出来的，所以在色彩学上又叫第一次色。

（1）间色

间色是指把任意两个三原色调和在一起而成的色彩，即红、黄、蓝三原色中任意两个原色相配而成的色彩。如红+黄=橙，黄+蓝=绿，红+蓝=紫。所以间色也称为第二次色。

（2）复色

由间色中两个色彩调和而成的色彩称为复色，又叫第三次色。复色包含了除原色和间色以外的所有颜色。由间色相配而成的色彩更加丰富，所以在别墅空间设计中大多运用复色。三原色和间色适合局部采用，这样可避免室内空间中色彩过于鲜艳。

（3）补色

在色相环中相对的颜色称为补色，如红与绿、黄与紫、蓝与橙等。在别墅空间设计中，使用互补的色彩冷暖对比强烈，可营造活泼、跳跃的氛围。

3. 色彩的物理效应

在大自然中，没有色彩的物体基本不存在，色彩能通过人的视觉系统产生一系列的物理性质方面的效应，如冷暖、远近、轻重、大小等。而且由于物体本身吸收和反射光的结果不同，物体之间相互作用形成的错觉也影响色彩的物理效应。

（1）温度感

在色彩学中，根据色相把色彩分为了冷色、暖色、温色和中性色。在色相环中，从青紫、青

图 2-10 对比强烈的冷暖色带给室内空间不同的温度感

图 2-11 冷暖色的不同使空间产生不同的距离感

至青绿色称为冷色，青色为最冷色，冷色让人联想到江河湖海、森林，感觉凉爽、温度偏低等。暖色则相反，暖色让人联想到太阳、火等，感觉温暖、温度偏高等，所以把色相环中的红紫、红、橙、黄到黄绿色称为暖色。紫色和绿色是冷色调色彩和暖色调色彩调和而成的，所以称它们为温色。黑、白、金、灰等色，既不是冷色也不是暖色，称为中性色。

在别墅空间设计中，设计师可以运用色彩的温度感进行空间环境颜色的设计，积极运用色彩的这些作用和效果来表达不同的空间表情。研究表明，暖色和冷色对人的心理有3℃的差异影响。如图2-10，色彩的冷暖色明显带给了两个室内空间不同的温度，体现了色彩所赋予别墅空间的温度感。

（2）距离感

色彩可以让人产生进退、凹凸、远近的不同感觉。暖色系的色彩波长较长，给人一种视觉扩散或拉近的感觉，所以暖色系的色彩又被称为膨胀色或前进色。反之，冷色系的色彩一般具有较短的波长，所以给人视觉收缩、拉伸、隐退的感觉，因此被称为后退色或收缩色。实验表明，主要色彩由前进到后退的排列次序是红、橙、黄、绿、青、紫，红、橙、黄为前进色，绿、青、紫为后退色。浅色让人感受到虚、远、薄，而深色让人感觉到实、近、厚。如图2-11，色彩的距离感改变了别墅空间环境的空间大小及高低，甚至也改变了室内空间形态的比例。

（3）重量感

颜色的本身是没有重量的，但是色彩会让人看上去感觉轻或者重。色彩的轻重感主要取决于明度和纯度，浅色和冷色系显得轻，深色和暖色系显得重。即使是相同的颜色，明度低的颜色也比明度高的颜色感觉重。色彩的轻重和软硬感觉是自然界中物体固有的颜色与人类视觉经验相互作用的结果。正确地运用色彩的重量感能平衡和稳定空间的关系。（图2-12）

（4）尺度感

色相和明度两个因素可影响人们对物体大小的感知，也就是所谓的尺度感。暖色系和明度高的色彩具有扩散作用，所以物体显得大，而冷色系和明度低的色彩具有内聚作用，所以物体显得小。如图2-13，在两个不同的别墅空间设计中，利用了色彩的尺度感改变物体的尺度、体积和空间感，使室内各个空间之间的关系更加协调。

4. 色彩的心理效应

色彩作用于人的感觉器官，而感官对色彩的反应是不同的，所以人对不同的色彩表现出不同的好恶，这就是人对色彩所产生的感情，即色彩的心理效应。人由于自身的生活阅历、性格、年龄、嗜好、生活习惯等不同，会赋予色彩不同的感情意象。例如看到红色，联想到太阳、万物生命之源，从而感到伟大、崇敬，也可联想到血，感到不安、野蛮等；看到蓝色会联想到大海、天空，是代表镇静，

图 2-12 室内色彩轻重感的对比

图 2-13 室内空间中色彩尺度感的对比

平静的颜色；黄色代表活泼、愉快与温暖；绿色代表自信、稳健与优越等。

在现实社会中，人们从衣食住行研究色彩对人心理的影响。我们可以通过表 2-1 看到在别墅空间设计中，不同的色彩会让人产生不同的心理联想，所以色彩的合理运用在别墅空间设计中尤为重要。（图 2-14）

表 2-1 色彩的联想

色彩	心理联想
红色	火、血、太阳等
橙色	灯光、柑橘、秋叶等
黄色	光、柠檬、迎春花等
绿色	草地、树叶、禾苗等
蓝色	天空、海水等
紫色	丁香花、葡萄、茄子等
黑色	夜晚、墨、炭等
白色	白云、白糖、面粉、雪等
灰色	乌云、草木灰等

5. 色彩的生理效应

色彩对人的生理作用主要指色彩对人的感官和机体产生的影响，感觉器官将物理刺激转化为神经冲动，神经冲动传达到脑神经而产生感知觉。库尔特·戈尔茨对有严重平衡缺陷的患者做过实验，患者穿绿色衣服的时候明显比穿红色衣服时走路要平稳得多，所以颜色对人的生理影响也是很大的。不同的色彩能引起不同的心理联想，从而影响人的生理反应。在别墅空间设计中，需要研究色彩的生理效应，以合理运用色彩来调节人在空间中的感受。

（三）别墅空间色彩的搭配原则与应用

色彩是空间设计的灵魂，在别墅空间设计中色彩的合理运用能营造良好的室内空间环境，提升空间质量，色彩搭配也是别墅空间设计的第一要素。在别墅空间设计时，为了使色彩能更好地服务于整体的空间，达到更好的境界，应遵循以下几个原则。

1. 形式符合功能的需求

在别墅空间设计时，遵循的是"以人为本"的设计思想。目的也在于给人营造一种恬静、舒适的居住环境，以满足使用者的心理需求和精神体验。所以在整体设计中，都应贯穿形式服从功能的设计理念。首先满足功能需求，其次满足精神体验，充分了解室内空间不同的使用属性和功能再进行色彩的搭配。比如卧室和客厅，由于空间的功能定位不同，在色彩设计方面也应有所区别。像卧室色彩总体色调应充分体现居住、休息场所的功能特点，以平静、淡雅为主基调。而在客厅设计中，更多考虑的是客厅接待、休闲的功能特点，所以色彩总体色调可以活泼一点，以中性色为主，制造一种愉快、轻松的空间氛围。

2. 符合特定的文化与个人习惯

在别墅空间设计时因地域差异和宗教信仰的不同，要考虑不同民族、不同地区及文化传统的特征，还要考虑使用者的性别、年龄、生活习惯的不同，所以对色彩的要求也有很大区别。比如，在中国，红色给人带来喜庆、吉利的感觉。一般来说，在符合原则的前提下，应该合理地满足不同使用者的爱好和个性，才能真正地符合使用者对别墅空间的心理需求。此外，不同的职业和爱好，也可以利用色彩的搭配体现出个性化的设计。

3. 整体色调和谐统一

别墅空间设计中色彩配置须符合空间的整体性原则，色彩与整体空间的和谐统一能美化空间、强化空间的整体气氛。而室内空间的色彩不是单一的，它是由墙面、天花板、地面、家具、软装饰等多种物体的色彩组合而成，在别墅空间设计中应先找到主色调再进行辅助色彩的搭配。在空间设计中，只有统一而缺乏变化的色彩容易使空间显得单调、沉闷，只有变化而缺乏统一的空间显得杂乱无章。所以，要处理好色彩协调与对比的关系、主与次的关系，合理运用色彩的三要素、色彩的物理效应、色彩的心理效应和色彩的生理效应，把握别墅空间设计的基调，才能提升空间品质。

图 2-14 不同是色彩带给人不同的心理影响

（四）别墅空间色彩设计的方法

在别墅空间设计中离不开色彩，具体有以下几种方法能实现良好的别墅空间效果。

1. 确定基本调

在别墅空间设计中，各个室内物件都有自己的颜色，所以确定基本色调在别墅空间设计中的作用尤为重要。从结构的角度，可以把别墅空间的色彩配置分为主体色、背景色和点景色，以便于在设计中能抓住重点，协调色彩组合。色彩在空间中呈现的效果取决于不同颜色之间的相互关系。

主体色指的是可移动的点立体、线立体、面立体等用色，在室内用色上占有统治地位，起到装饰的作用，如家具、陈设等。家具色彩是室内风格个性的重要因素，所以常和背景色搭配起来成为控制室内总体的主体色彩。一般家具的颜色要通过和背景色的协调，使整个房间的色彩统一和谐。陈设色彩一般指的是体积小，但可起到画龙点睛作用的物品颜色，如灯具、电视机、电冰箱、日用器皿、工艺品等。在别墅空间设计中，陈设色彩常作为重点色彩或点缀色彩。

背景色作为大面积的色彩对其他室内物件起衬托作用。在别墅空间中，墙面、天花板等作为背景色可以调节空间感受，如天花板用高明度、低纯度的色彩，有增加空间高度的感觉。而在设计地面时一般采用低纯度且含灰色成分较高的色彩，衬托家具的同时又呼应和加强墙面色彩，可增加空间的稳定感，协调统一的色彩设计不仅经得起审美的考验，还能迎合大多数人群对空间色彩和心理感受的需求。

点景色指小型、易于变化的物体色，包括织物的颜色和植物的颜色。织物的颜色通过窗帘、床罩、地毯、桌布等色彩表现，而植物的颜色则通过盆景、花篮等色彩表现。色彩有着丰富多彩的颜色对比关系，点景色的对比使用能够丰富别墅空间环境，创造空间意境，加强生活气息。

在别墅空间色彩设计中，以什么为主体、背景和点景是应该首先考虑的问题。设计时应注重不同色彩之间的相互关系及层次关系，充分考虑功能要求、面积大小、光源情况、空间距离等方面的因素进行合理的设计。

2. 做到色彩的协调与对比

凡·高说："没有不好的颜色，只有不好的搭配。"在别墅空间设计中，色彩的感染力在于如何搭配色彩，如何合理运用色彩的基本要素创造符合个人的审美品位，以及有个性、有品位的空间环境。在别墅空间设计中，主色调的确定能实现整体色调的统一，如大面积的米色可以为整体空间确定主色调，然后再考虑次色调，使局部服从整体。局部小面积的跳跃色彩不会影响整体的统一。还可利用单色调、相似色调、互补色调等协调空间色彩，平衡空间色彩关系，营造空间氛围，设计出符合空间使用需求、传递空间信息、改善现有空间缺陷的别墅空间色彩。

3. 确定色彩的空间构图

色彩的空间构图是指可以运用以下两种方法掌握别墅空间色彩的节奏和规律，利用色彩在空间中不同部位的相互关系，营造动人的空间氛围。

第一种是为了满足功能的需求，通过色彩处理强化或减弱某一部位。如可通过墙面与地面的色彩协调强化家具陈设，也可通过地面及墙面的颜色变化来强调空间区域的变化。

第二种是通过色彩改造原有空间的大或小、远或近、强或弱。如可通过色彩的物理效应在视觉上对原有空间产生扩大或缩小的效果，弥补空间的不足或强化空间的特点。在原有空间不变的情况下，色彩的合理搭配及运用可以达到满意的心理空间效果。设计师在设计中要加强重视色彩的设计，利用色彩的优势迎合不同别墅空间的风格要求，满足空间的使用功能，在空间色彩设计中不断地推陈出新。

二、光的营造

（一）光的基本认识

别墅空间中光的营造需要系统地了解光的基本概念、特征及运用的基本规律。设计中的光可分为自然采光和人工光，在这里主要讲解人工光及如何运用它来满足室内空间的需求。

1. 基本光度单位

（1）光通量

人眼所能感觉到的辐射能量被称为光通量，用来表示光源发出光能的多少，它是光源的一个基本参数，单位是流明（lm），通常用 Φ 表示。

（2）光强

光强是指发光强度的简称，是指光源在指定方向的单位立体角内发出的光通量，也就是光通量的空间密度，通俗点说发光强度就是光源所发出的光的强弱程度。光强的国际单位是坎德拉（cd）。

（3）亮度

亮度是指发光体在实现方向单位面积上的发光强度，单位是坎德拉／平方米（cd/m^2），也称尼脱（nt）。在光亮单位中，亮度是能直接引起眼睛视感觉的量，光源的明亮程度受发光体表面积的影响，同样的光强情况下，发光面积越大则越暗，发光面积越小则越亮。

（4）照度

照度是指光源落在被照面上的光通量，也就是单位面积上所接受可见光的能量。照度的单位是流明／平方米（lm/m^2），也称勒克斯（lx）。照明和采光标准中，常用照度来衡量照明和采光质量的优劣。（表2-2）

表2-2 不同功能房间的照度

房间功能	平均照度（lx）
阅读、工作	150—200—300
短时间阅读、工作	100—150—200
起居、休闲	30—50—75
影音	10—15—20
洗浴、更衣	15—20—30
用餐、烹饪	50—75—100
交通	15—20—30

2. 色温和显色性

（1）色温

色温是人眼感受到的光源的颜色，是专门用来量度和计算光线颜色成分的方法。色温的单位是开尔文（K）。不同的色温光源适用于不同的功能场所。

（2）显色性

显色性是指光源对物体颜色呈现的真实程度，也就是颜色的逼真程度。用显色指数 Ra 表示，它的满值是100，50以下显色性较差，50—79显色性一般，80以上显色性优良。（表2-3、表2-4）

表2-3 不同功能房间的显色指数

房间功能	显色指数（Ra）
绘图、展示等，辨色要求高	大于80
起居、工作等，辨色要求较高	60—80
交通等，辨色要求一般	40—60
储存等，辨色要求低	小于40

表2-4 不同光源的色温与显色性

光源种类	色温（K）	显色性（Ra）
白炽灯	2800	100
卤素灯	2950	100
暖白色荧光灯	3500	59
冷白色荧光灯	4200	98
日光色荧光灯	6250	77
低压钠灯	1800	48
高压钠灯	1950	27
汞灯	3450	45
金属卤化物灯	5000	70

图 2-15 室外灯具类型

（二）光源的选择

1. 灯具的类型

在别墅空间设计中，需要考虑室外空间照明和室内空间照明。在室外空间中，灯具的类型有庭院灯、草坪灯、埋地灯、水下灯；在室内空间中，灯具的类型有移动灯具、壁灯、嵌顶灯、吊灯、吸顶灯、巢灯。需要考虑的是，灯具的使用功能要符合空间的用途，灯具的尺度要与空间大小相协调，灯具的造型与风格需要与空间整体风格相一致。

（1）室外灯具类型（图 2-15）

①庭院灯

庭院灯通常是指 6 米以下的户外道路照明灯具。在别墅庭院中，大多选用这种类型的灯具。庭院灯样式具有多样性，不仅能起到照明的作用，还具有美化和装饰环境的作用。

②草坪灯

草坪灯主要是为别墅庭院增添柔和的灯光，普遍具有安装方便、装饰性强等特点，可用于公园、花园别墅、广场绿化等场所绿化带的装饰性照明。

③埋地灯

埋地灯也可用于别墅庭院空间中，在外形上有方的也有圆的，主要是埋于地面，用作装饰或指示照明之用，还有的用来洗墙或是照树，其应用有相当大的灵活性。它的特点是灯体为压铸或不锈钢等材料，坚固耐用、防渗水、散热性能优良。

④水下灯

水下灯指装在水底的灯，以 LED 为光源，由红、绿、蓝组成混合颜色变化的水下照明灯具。外观小而精致，美观大方。

图 2-16 室内灯具类型

（2）室内灯具类型（图 2-16）

①移动灯具

移动灯具包括台灯、落地灯、轨道射灯，它是可以根据需要自由放置的灯具，使用比较方便、灵活，移动灯具既可以起到照明的作用还能起到烘托氛围的作用。

②壁灯

壁灯是指安装在墙壁上的灯具，造型简洁，光线柔和。在别墅空间中，除了室内可以用壁灯外，在室外空间中有时也使用壁灯，但是要注意其悬挂位置得避免对人眼造成眩光。

③嵌顶灯

嵌顶灯是指安装在天花板内部的灯具，暴露部分一般与天花板平齐，光量直接投射在室内空间。需要注意的是嵌顶灯的安装需要在天花板上预留一定的空间，且需注意散热的问题。

④吊灯

吊灯是指直接安装在天花板上的灯具，在别墅空间中的客厅常常使用吊灯。它在满足室内照明的同时还可起到室内空间装饰及烘托氛围的作用。

⑤吸顶灯

吸顶灯是以固定的方式直接安装在天花板面上的灯具，它由于光线较强，可用于普通照明，一般用在住宅的卧室和厨房。

⑥巢灯

巢灯也称"反光巢灯"或结构式照明装置，是固定在天花板或墙壁上的条状或面状的照明，常

图 2-17 别墅空间中的照明形式

选用日光灯管、灯带的形式。通常有顶棚式、檐板式、窗帘遮蔽式和发光墙等多种做法。

2. 照明形式

（1）发光顶棚照明

发光顶棚照明是利用磨砂玻璃、晶体玻璃、半色玻璃、透光灯膜等透明或半透明材料作为吊顶的面层，是一种大面积的照明装置，它将照明与建筑紧密相结合。在别墅空间中，发光顶棚多用于较大的空间里，光源嵌在格板内，既避免眩光又有美化环境的作用。这种发光顶棚照明可设计成向下凸出的梁状，内置灯具，称为光梁；也可以设计成与顶棚平拼而形成带状，便称为光带。

（2）光檐

光檐照明也叫暗槽照明，是指将光源隐藏于室内四面墙与顶的交界处，通过顶棚和墙反射出来的光线照明。光檐照明与其他照明方式相结合能产生出很多奇妙的效果，能充分体现空间艺术照明的魅力。

（3）内嵌式照明

内嵌式照明是指将直接照射灯具嵌入顶棚内，灯檐与吊顶平面对齐，灯具结构是不会露在墙体外面的。这种方式可增强局部照明或烘托气氛。

（4）网状系统照明

网状系统照明是指灯具与顶棚布置成有规律的图案或利用镜面玻璃、镀铬、镀钛构件组成各种格调的灯群，是室内的重要照明。在别墅空间设计中，客厅常采用此种照明形式。（图2-17）

（三）照明的方式

1. 按散光方式分类

根据照明的散光方式，可把照明归纳为直接照明、间接照明、一般漫射、半间接照明、半直接照明。

（1）直接照明

直接照明是指90%～100%的光通量，也就是光线直接照射物体，如白炽灯、日光灯等。白炽灯、日光灯上部有不透明的灯罩，光源直接向下投射到被照面的都属于直接照明。这种照明的方式具有强烈的明暗对比，并能形成生动有趣的光影效果。直接照明的优点是亮度大，而缺点是人在使用时直接接触光线，易产生眩光，使人产生视觉疲劳。

（2）间接照明

间接照明又称为反射照明，与直接照明的方式相反，是指90%以上的灯光照射在墙或顶棚上再反射到被照物体上。间接照明的特点是光线柔和、没有强烈的阴影，其功能是呈现多元化的艺术照明，所以常用于别墅空间中的卧室、餐厅等。

（3）一般漫射

一般漫射是指利用半透明灯罩遮挡光线，光源的40%～60%直接投射到被照物体的照明方式。这种方式光量较差，但光线柔和，多和其他照明方式相结合使用。一般用于别墅空间中的客厅、走廊、门厅、楼梯间等。

（4）半间接照明

半间接照明是把半透明的灯罩装在灯泡下部，向上的光线照射顶棚。60%以上灯光向上照射到墙和顶棚上，只有少量光线直接照射在被照物体上。半间接照明适合用于别墅空间中的小空间部分，如门厅、小卧室等。

（5）半直接照明

半直接照明是指10%～40%的光线透过半透明的灯罩照射到天棚和墙面上，60%～90%的光线直接照射物体的表面或工作面。这种照明方式亮度较小，但是整个房间的亮度均匀。一般吊灯、壁灯等都是这种照明方式。适用于别墅空间中的卧室。

2. 按布局方式分类

根据灯具的布局方式，可将照明归纳为整体照明、局部照明和装饰照明。

（1）整体照明

整体照明又叫基础照明，是指能照亮整个空间，确保房间整体明亮度，满足人基本视觉要求的一种照明方式。在别墅空间中常见的有吊灯、吸顶灯等。它的特点是光线照度均匀一致，照度面广，如厨房、客厅、起居室、餐厅中就需要整体照明，以满足人的基本需求。

（2）局部照明

局部照明又叫重点照明，是指一种专门为某个局部设置的照明。一般是为了节约、合理使用能源或者引人注意才布置的光源。其特点是重点照明、局部空间照度高、节能节电，同时也易于调整和改变光的方向等，如床头灯、卫浴间的镜前灯、重点墙面转向筒灯等。

（3）装饰照明

装饰照明也称气氛照明，是指为了美化和装饰某一特定空间，通过一些色彩和动感上的变化而设置的照明，特点是不以照明为目的，而是纯粹的装饰。这种照明方式能制造特殊的空间氛围和多种照明效果，给人的视觉上带来不同的享受。

四、家具与陈设

家具与室内陈设是人们日常生活中必不可少的物品，它们不仅反映了人类不同时期的生产力水平，还展示着人类文明的进步。在别墅空间设计中，家具和室内陈设也是设计的重要组成部分，它们与室内环境构成了一个有联系的整体。在进行别墅空间设计时，设计师要充分考虑家具、室内陈设与居住空间的关系，并合理运用，以努力营造出完美的生活环境。

（一）家具

1. 家具的概念

家具是指具有凭倚、坐卧、贮藏、间隔等功能的器具，并在人类日常生活和社会活动中使用。具体而言，家具是人类衣食住行活动中供人们坐、卧、作业或物品贮存和展示的一类器具；抽象而言，家具是维系人类生存和繁衍必不可缺的一类器具与设备。它是一种物质文化产品，反映了人类不同时期的科技、工艺水平和审美观念，充分体现了人类社会的生活方式、风俗习惯、审美意识等。家具是空间环境设计所表达的思想、文化的载体，并从属、服务于空间设计的主题。

2. 家具的作用

（1）明确使用功能，供人使用

明确使用功能和供人使用是设计选择家具的首要条件。在别墅空间设计中，要根据空间的性质和使用功能的不同，决定家具的配置。人们在使用家具的过程中，会获得直接的功效和一种心理上的满足。如在别墅空间中，客厅空间的性质是休闲空间，那么在家具的选择或设计上需要考虑客厅的实际使用功能，选择沙发、茶几组合称为交谈空间；书桌、办公椅组合称为学习工作空间；床、床头柜组合称为睡眠空间。所以家具的作用不仅要满足人体的生理特点，还要满足人体的心理特点。

（2）利用空间，组织空间

在空间中可根据空间环境的客观因素和使用功能，利用家具来组织空间并划分空间，提高空间的利用率。家具的灵活布置可以使室内空间不需要通过墙体或各种材质的隔断来分隔空间，如厨房和餐厅之间，可利用吧台、酒柜来进行分隔，这样既划分了空间，又使空间显得更加灵动多变，丰富了空间形态。而沙发、茶几、餐桌、餐椅也可以用来划分客厅、餐厅、通道三个空间，这样既能在视觉上增大空间环境，还能提高空间使用的灵活利用率。

（3）建立情调，创造氛围

家具是一种具有文化内涵的产品，体现的是强烈的时代感、地域性和民族性。在别墅空间设计中，家具无论在空间体量，还是造型、色彩上都能对整个空间的设计起到决定性的影响，家具风格与空间装饰风格的协调性能创造一种格调高雅、造型优美，具有一定文化内涵的室内空间。良好的家具设置能创造舒适的空间氛围，体现室内设计的思想、风格、情调，使人生活、学习、工作都有愉悦的心情。

3. 家具的分类

按照家具的功能，可以把家具分为坐卧类家具、贮藏类家具和凭倚类家具。

（1）坐卧类家具

坐卧类家具是指用来直接支撑人体的家具，如床、榻、凳、椅、沙发等。坐卧类家具是人们日常生活中接触最密切的家具，它们能支撑人体、缓解疲劳、供人休息，造型式样也最为丰富，其功能尺寸设计若不合理会直接影响人的生理和心理感受，因此其设计要符合人的生理和心理特点。坐

第二教学单元
基于美感的别墅空间艺术处理

图 2-18 造型美观的沙发类家具

卧类家具按使用功能的不同可分为沙发类、椅凳类、床榻类。

沙发类家具是别墅空间设计中非常重要家具类型之一，一般使用在较大的空间范围里，如客厅。它的设计和在空间中摆放的位置不仅要满足人们的功能需求，同时也要给人们带来视觉上的美感以及触觉上的舒适感。沙发类家具包括各种形式类型的单人沙发、长沙发、沙发床等，在别墅空间设计中沙发类家具因其占地面积较大，所以对空间设计有关键性的影响。传统沙发类家具在材料上一般使用的是金属弹簧、方木等，而现代沙发类家具的材料多数使用高泡聚酯海绵软垫和不锈钢铝合金等。现代沙发类家具不仅功能多样、造型美观、材质舒适、颜色多样化，而且随着现代技术和材料的进步，更加的舒适，更加符合人的功能及精神需求。（图 2-18）

椅凳类家具是品类最多、造型最为丰富的坐类家具，其样式和大小差别较大，各个历史时期的风格和特色也有所不同。一般按样式我们把椅凳类家具分为马扎凳、长条凳、板凳、墩凳、靠背椅、扶手椅、躺椅、折椅、圈椅等，以及具有高科技、先进工艺技术及由复合材料制造的气动办公椅、电动汽车椅、全自动调控航空座椅等。（图 2-19）

人在一天里有 1/3 的时间与睡眠有关，所以床榻类家具是居住空间设计中必不可少的家具类型，当然也是别墅空间设计中必不可少的。床榻类家具是提供人休息睡眠的家具，有单人床、双人床等。床榻类家具的风格、材质、颜色选择能直接影响整个卧室空间的设计，因此对于它的选择需要配合整个空间的设计。（图 2-20）

图 2-19 丰富多彩的椅凳类家具

图 2-20 简洁大方的床榻类家具

图 2-21 有效利用墙面设计的贮藏类家具

(2) 贮藏类家具

贮藏类家具包括柜、橱、架格和箱具，具有坐卧、凭倚、贮藏、间隔等功能，品类丰富，功能各异，造型齐全。贮藏类家具的设计必须充分考虑居住者的活动范围及其心理诉求，以安全为前提进行整体系统性的设计。在造型上，贮藏类家具分为封闭式、开放式、综合式三种形式；在类型上，分为固定式和移动式两种基本类型。（图2-21）

(3) 凭倚类家具

凭倚类家具是指供人凭倚、伏案工作时与人体直接接触的家具，是人们工作和生活所必需的辅助性家具，包括桌类、台类、几、案等。它们可供人休息，并起到承托货物的作用。凭倚类家具需要考虑居住者的活动范围，合理的设计能增强人体的舒适度及有利于身体的健康。（图2-22）

图 2-22 造型各异的凭倚类家具

（二）陈设

1. 室内陈设的分类

陈设，也称为摆设、装饰，俗称软装饰。室内陈设的内容丰富多样，起着画龙点睛的作用。在这里，我们大致把它分为装饰织物类、观赏品类、悬挂艺术品类、其他各类陈设品。

（1）装饰织物类

装饰织物类的品种规格很多，按用途主要包括床上用品，如被罩、床单、枕套、毛毯、线毯等；家具布，如沙发套、椅套等；室内用品，如窗帘、门帘、贴墙布、地毯、挂毯等；餐厅和盥洗室用品，如桌布、餐巾、毛巾、浴巾、垫毯等。它们能创造柔软、温馨、舒适的室内生活空间。它们的色彩、图案、质感多种多样，能给空间带来丰富多彩的视觉效果，但需注意装饰织物的选择要根据空间的整体艺术效果而定，并且图案和色彩不宜过多，否则会显得空间杂乱，令人烦躁。（图 2-23）

（2）观赏品类

观赏品类的陈设可以点缀性的装点空间，主要包括日用器皿、雕塑和铁艺品、观赏植物等。它们的陈设形式包括两大类，一类是摆设类，另一类是悬挂类。在别墅空间设计中，不仅要考虑观赏

图 2-23 装饰织物能丰富室内空间的色彩

图2-24 造型别致的各类室内观赏品

图2-25 悬挂在墙上的艺术画能为空间营造一种艺术氛围

品与室内空间及家具尺度的协调性，也要注重它们与室内整体风格的和谐及相互呼应，以打造舒适、美观的室内空间环境。观赏品类的陈设是个人情感和审美需求的具体体现，是营造"精神空间"的重要载体。（图2-24）

（3）悬挂艺术品类

悬挂艺术品类主要包括书画类、摄影类、挂屏和壁饰等。它的设置应符合空间性质，与其他陈设协调搭配，且与空间的尺寸大小适应。悬挂艺术品主要是对过于简素的墙面起装饰作用，可为整个室内环境增添艺术情趣及文化气息，营造更为亲切的环境气氛。（图2-25）

（4）其他各类陈设品

除了以上3种陈设品类外，还有其他各种各样的工艺品都可作为室内陈设品，如陶瓷挂盘、檀香扇、草编、装饰画等，可根据空间的功能进行陈设设计。在设置时不宜在数量及价值上贪

图2-26 各类装饰品可丰富空间的层次

大求全，否则会显得像大杂烩，应重点装饰局部点缀，给空间带来装饰意义。（图2-26）

2. 室内陈设的选择和布置原则

随着社会文化水平的日益提高，陈设品不仅在室内空间中的比重逐渐扩大，在别墅空间设计中所拥有的地位也显得越发重要，优秀的艺术品结合适当的陈设方式，不仅可以美化空间，还能陶冶情操。所以陈设的选择和布置应遵循以下原则。

（1）室内陈设应与别墅空间形成统一风格

室内陈设品应配合别墅空间的整体风格进行统一设计。特别是颜色的选择，材质的搭配上要与室内空间的风格协调统一，作为点缀品与空间风格彼此联系、相互协调，突出别墅空间的整体效果与氛围。

（2）室内陈设应与别墅空间使用功能相一致

室内陈设应与别墅空间的使用功能协调一致，室内陈设不是可有可无的，它们的配置不仅仅是突出本身，而是首先应满足空间场所相应的功能，其次是符合文化内涵和空间特色，形成独特的环境气氛。

（3）室内陈设品的尺度、形式应与别墅空间及家具形成良好的比例关系

室内陈设品应考虑人体工程学和空间面积进行配置，如室内陈设品过大，会使空间显得小而拥挤，若陈设品过小又会使空间产生空旷感，所以陈设品的尺度、形式都应与室内空间和家具的尺度形成良好的比例关系，运用多样统一的美学原则达到和谐的效果。

（4）室内陈设品的色彩、材质应与家具协调统一

室内陈设品的色彩与材质可通过对比或调和的方式与家具协调统一，在布置上要主次得当，以增加室内空间的层次感。家具与陈设品、陈设品与陈设品之间应取得相互呼应、彼此联系的协调效果。

3. 室内陈设的布置方式

（1）墙面陈设

墙面陈设不仅包括挂在墙上的以平面艺术为主的画、摄影等，还包括挂在墙上的小型立体饰物，如壁灯、弓、剑等，即可以悬挂在墙面上的艺术品均属墙面陈设。墙面陈设应注重整体的视觉效果及和墙面之间的大小比例关系。如留出相对的空白使视觉获得休息的机会，如果是占有整个墙面的壁画，则可起到背景装饰艺术的作用。从心理学上分析，水平方向的墙面陈设易使人感觉稳定、平静，而垂直方向的墙面陈设易让人觉得强劲有力。（图2-27）

图 2-27 墙面陈设能为室内空间增加不少情趣

图 2-28 作为点缀的各类桌面摆设

（2）桌面摆设

桌面摆设包括了放置在办公桌、餐桌、茶几上的小巧精致、宜于微观欣赏的雕塑、工艺品、装饰品、小型盆栽等。这些桌面摆设的形状、色彩和质地宜与桌面协调统一，数量不宜过多，品种不易过杂，在空间里起到画龙点睛的作用。（图 2-28）

（3）落地陈设

落地陈设包括大型的装饰品，如雕塑、瓷瓶、绿化等。在布置方式上一般处于视觉的中心点，以形成视觉焦点，也可放置于厅室的墙边、出入口旁、空间尽端、主题墙面的前部等位置作为重点，或起到视觉上的引导作用和对景作用。（图 2-29）

（4）橱柜陈设

橱柜陈设包括放置在隔板、博古架、装饰柜架等进行陈列展示的形式多样的小陈设品，

图 2-29 落地陈设给空间带来无限生机

图 2-30 橱柜陈设透露出了主人的品位及爱好

图 2-31 悬挂陈设丰富了空间的层次

这是一种兼具储藏功能的陈设方式。布置在橱柜中的陈设品需控制数量和种类，不宜过多过杂，可起到很好的装饰效果。（图2-30）

(5) 悬挂陈设

悬挂陈设包括各种装饰品，常悬挂在高大的厅室可弥补空间空旷的不足，如织物、绿化、抽象金属雕塑、吊灯等。悬挂的方式既起到装饰效果，又不占地面面积。（图2-31）

五、单元教学导引

- **目标** 通过对别墅外部造型设计、别墅空间色彩的运用、别墅空间光的营造、家具及陈设的学习,了解并掌握别墅的空间艺术处理方式。

- **重点** 别墅空间中更多的是从感性和审美的角度来考虑外部造型设计、色彩的运用、光的营造、家具及陈设,所以在教学过程中,教师要注意培养学生的审美能力,通过案例分析、作业练习等方式使学生掌握别墅空间外部造型、色彩、灯光、家具和陈设在具体项目中的应用。

- **难点** 由于别墅外部造型设计、别墅空间色彩的运用、别墅空间光的营造、家具及陈设都可以成为一门独立的知识要素,所以这几个知识要点都是学习的难点和重点,在教学过程中,教师需要在课堂上补充重难点知识,学生也需要在课外自行学习。

小结要点 本单元分为四个部分,分别从别墅外部造型设计、别墅空间色彩的运用、别墅空间光的营造、家具及陈设做了较为细致的介绍。在教学中,要培养学生的审美能力,强化学生的实际设计能力。

为学生提供的思考题

1. 简述在别墅空间的色彩运用中,营造一个和谐的色彩环境的必要因素。
2. 简述在别墅空间中色彩设计的方法。
3. 列举别墅空间设计中的照明方式。
4. 简述别墅空间设计中陈设品的种类及其应用范围。

学生课余时间的练习题

1. 调研家具市场,总结家具设计的优缺点。
2. 调研灯具市场,总结市场上流行的灯具类型、灯管(灯泡)类型,最后形成表格。

作业命题

1. 别墅平面及天棚方案设计。
2. 别墅立面方案设计。

作业命题的缘由

本单元的教学方法以教师课堂教授为主,结合市场调研、通过作业练习,让学生掌握别墅空间中天棚造型和灯光的设计方法,熟练掌握色彩在别墅空间设计中的运用,了解如何合理配置别墅空间中的家具及陈设。

命题作业的具体要求

别墅空间户型由教师提供,面积为150m² 左右。作业要求:
1. 符合室内设计制图规范,用CAD或手绘完成作业,统一用A3图纸,装订成册。
2. 别墅空间天棚布置具有合理性,天棚设计的造型及灯光的采用具有合理性。
3. 别墅空间中立面的设计要求造型、色彩、家具、陈设具有统一性。

为学生提供的本教学单元参考书目

文健,周可亮. 室内软装饰设计教程 [M]. 北京:清华大学出版社,北京交通大学出版社,2011年.

庄荣,吴叶红. 家具与陈设 [M]. 北京:中国建筑工业出版社,2004年.

陈一才. 装饰与艺术照明设计安装手册 [M]. 北京:中国建筑工业出版社,1997年.

远藤和广,高桥翔. 图解照明设计 [M]. 吕萌萌,冷雪昌,译. 南京:江苏凤凰科学技术出版社,2018年.

赵斌. 居住空间设计与表达 [M]. 北京:中国纺织出版社,2020年.

第三教学单元

基于功能的别墅室内空间设计

一、平面布局

二、空间塑造

三、单元教学导引

一、平面布局

（一）平面功能设计的原则

平面功能布局是在别墅室内空间设计中所要解决的重点问题，需要根据人的行为特征合理地设计出理想的符合功能要求的平面布局是别墅空间平面设计的基础。平面功能设计的原则需要遵循人性化原则、合理性原则、多样性原则。

1. 人性化原则

别墅空间的平面布局应遵循"以人为本"的核心思想，把为人设计作为别墅空间设计的最终目的，以满足人在空间环境内的心理需求和生理需求。如荷兰格里特·里特维尔德设计的施罗德住宅，它是现代主义建筑史上一个重要范例。在只有140m²的别墅空间里，里特维尔德在平面布局上采用了开敞式的灵活布局，一层在平面功能上布置了女仆卧室、工作室、画室、书房和"会客+餐厅+厨房"三合一的空间，二层在平面功能上布置了主人和孩子的卧室空间。二楼的平面空间作为贯通的空间，采用了滑动隔墙来分隔三个卧室和起居室，三个卧室都有独立的阳台。图3-1平面布局在功能方面充分考虑了人性化的原则，以满足使用者的功能需求。

2. 合理性原则

别墅空间平面功能设计要根据人体的尺度和动作区域来建立合理的空间尺度和功能分区，分配好各个空间的尺度，使各个空间达到居住最舒适、最合理且相对经济的标准。在别墅空间平面设计的时候，既要考虑到功能使用方面合理的空间尺度，还要从人的需求上考虑到合理明确的功能分区。从20世纪90年代开始，设计者开始注重功能分区的合理划分，主要采用三大分区理念，即动态静

图3-1 施罗德住宅的平面设计

态空间划分、工作与生活空间划分、公共与私密空间划分。这样的分区理念能塑造舒适的环境和互不干扰的空间，从而创造理想的别墅空间生活环境。

3. 多样性原则

别墅空间设计针对的是对生活品质要求相对较高的高端受众群体，他们的共性就是讲究生活品质，渴望空间能尽可能符合自己的生活和工作习惯。所以别墅空间的平面设计就需要适应多样化的使用者需求，根据各种类型使用者的职业、年龄、爱好等提供不同的套型平面，满足使用者实现个性化居住生活环境的诉求。

（二）功能空间的组合关系

别墅空间的设计相对于普通住宅空间，更要注重合理化功能空间的设计和配置。在提高别墅居住环境的舒适性、便利性、空间格局的合理性及经济性的时候需要做到细化设计中的空间功能，增加室内空间的层次，增强居住的私密性，注重室内外空间的过渡。

别墅室内功能空间的划分可分为三类：公共活动空间、私密性空间和服务性空间。

（三）空间动线设计

人在室内外移动的点所连成的线称为空间动线。空间动线的设计一般由两部分构成，一个是人流、物流的路径，另一个则是固定构造物及摆设。人在室内外空间中的运动都有一定的规律，这种规律决定了室内外各功能空间的位置和相互关系。空间动线设计的合理性影响空间的设计与配置，因此在设计时必须要考虑到空间大小、空间之间相互的位置和高度关系、人的活动需求、身心状况、习惯嗜好等。在别墅空间设计中至少有两条动线：一条是对内的主要动线，为业主、客人活动的客厅、起居室、餐厅等区域；另一条是对外的辅助动线，主要在厨房、洗衣房、车库等辅助区域；两条动线各自形成自己的"流程"，互相也会有结合点，形成相交动线。在满足同样功能要求的情况下，在别墅空间中的动线设计越短越好，缩短动线意味着空间紧凑，节约建筑面积和方便使用。合理的动线组织应保证各交通空间通行方便，各房间联系方便，各流线之间避免互相交叉干扰，主楼梯位置明确等。（图3-2）

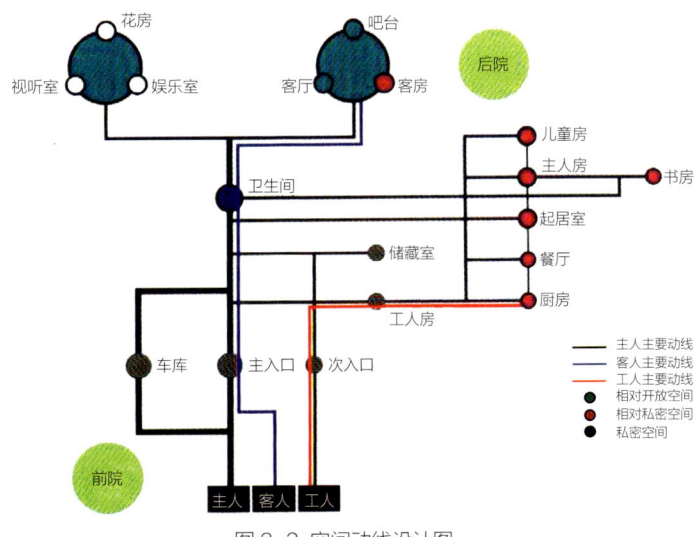

图 3-2 空间动线设计图

二、空间塑造

（一）功能空间设计

1. 公共活动空间

（1）门厅

门厅也叫玄关，玄关源于中国，原指佛教的入道之门。现在泛指进门大厅，一般在进门口的地方形成一个缓冲区域。（图3-3）

①门厅设计的基本原则

A. 门厅采光宜明不宜暗，在自然光源不够的情况下，采用室内灯光进行补救。

B. 门厅地面宜用易清洁、防滑、耐磨及美观的材料，如瓷砖、大理石等。

C. 门厅墙面宜采用易清洁、耐久性好的材料，如木材、壁纸等，可在墙面上挂适当的装饰品起到点缀效果。

D. 门厅天花应尽量高一点，给人开阔的视觉感受，且方便空气流通。在造型上应简洁明快，不能太繁杂，以轻质材料为主。

E. 玄关的隔断不宜过高或者过低，若过高会给人压迫感，过低则达不到隔断的效果。

②空间行为特征

在别墅空间设计里，门厅是户内和户外的一个重要过渡空间，能保护别墅的独立性和私密性，也是入户的准备空间和出户的缓冲区域。所以门厅设计是需要考虑隔断设计，用来遮挡保护居室空间的私密性，但是在隔断设计的时候应注意和室内空间风格的统一协调性，另外需要具备换鞋、更衣、存放鞋帽等使用功能，由于生活的现代化，还应在门厅处考虑收发快递、领取外卖的新功能，另外在门厅应该有鞋箱、挂衣柜、伞架、整衣镜等组合家具的位置。

③尺度与布局

由于门厅具备换鞋、更衣、存放鞋帽的必需功能，所以在设计时除了满足功能所需的家具尺度外，还应满足相应功能人的动作尺度，即动作域的尺度，在此基础上还应该考虑人的通行需求，如轮椅、童车的进出需求。门厅的布局划分要合理，根据空间的大小及使用者的需求合理设置衣柜、鞋柜或组合壁柜穿衣镜等的位置。

门厅与别墅空间的布局关系可分为以下三种。

图3-3 合理大方的门厅设计

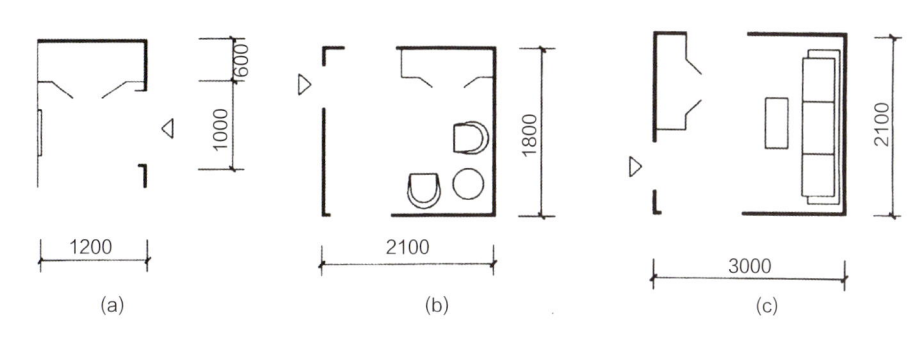

图 3-4 门厅的平面布局设计（单位：mm）

A. 独立式

一般以独立的形式存在，空间两侧均有连续墙面，有利于布置家具、穿衣镜等，空间较为紧凑。它作为通往其他空间的纽带可选择多种装饰形式进行处理。

B. 邻接式

与客厅餐厅相邻，没有较独立的区域，可用储物柜、鞋柜等做成相对较独立的门厅空间。设计时，可根据其独特的形式与其他空间风格相融。

C. 包含式

门厅包容于厅堂中，往往经过设计限定其大小。这种门厅稍加设计就会成为整个别墅空间的亮点，既能起到分隔作用，又能增添空间的艺术效果。（图3-4）

④家具配置形式

门厅家具的配置形式分为固定式和活动式。施工时将家具固定在墙体上或置于墙体之中称为固定式。活动式是指在施工完成之后选配的，如活动鞋柜、隔断、鞋凳等。门厅的家具配置应以门厅的面积大小和空间特点为出发点，根据室内空间的特点及风格来确定家具的形式、造型、风格和色彩。

⑤门厅的照明设计

门厅是能塑造第一印象的别墅空间的前室，所以门厅的照明设计极为重要。在设计时要考虑门厅的面积、亮度、协调性、过渡性等问题，所以在照明上一般采用满足功能照度要求的基础照明、重点照明和装饰照明相结合的用光方式，既满足功能用光需求，

图 3-5 门厅的光环境营造

图 3-6 色彩明亮的门厅设计

图 3-7 门厅中的装饰小品设计

也强化空间层次，突出形态特征。图 3-5 灯光颜色上没有特别的规范，与周围的装饰风格协调搭配即可。在灯具上可选择吸顶灯、射灯、壁灯、筒灯、地灯等。

⑥门厅的色彩设计

门厅的色彩应根据整体空间的色调进行设计，尽量保证色彩和谐统一。一般情况会选用中性偏暖色调为主，避免强烈的对比而造成功能认知的混乱，可加入一些浅色调，与室外环境进行区别的同时也能营造出家的温馨。在墙面的色彩处理上，色彩不宜过多或太过深沉，重在点缀达意；在地面的色彩处理上，可与相邻空间的地面用同一色调，也可用不同的色调进行空间区域上的软划分突出功能与隐喻。图 3-6 天花的颜色也不宜过深，易造成进门压抑的视觉感受。

⑦门厅的陈设与绿化

由于门厅的空间面积相对较小，又是交通要道，所以在陈设和绿化设计上不宜把体积较大的陈设或者植物杂乱陈列，易阻塞通道，也不宜加入过多花样繁多的摆件物品，易使空间看起来杂乱无主次。可根据门厅的形式、面积大小选用一些体积较小的陈设，如花瓶、装饰挂画等。可点缀少量观叶植物等以突出空间特质。（图 3-7）

（2）客厅

客厅是与客人聚会、交流的地方的核心空间，也叫起居室。由于别墅空间的居住水平高于一般住宅，且人们对居住环境和功能使用的细分，所以在别墅空间里，一般把起居室和客厅区分开使用。（图 3-8）

①客厅设计的基本原则

A. 客厅设计应根据其功能、面积及使用频率来进行平面布局和空间区域的划分。

B. 客厅设计应尽量考虑业主的个性化需求、个人生活习惯等多种因素。

图 3-8 别墅空间中的客厅设计

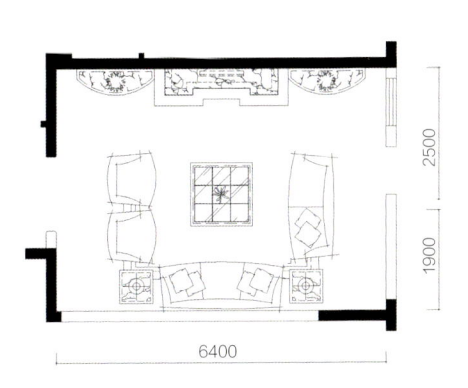

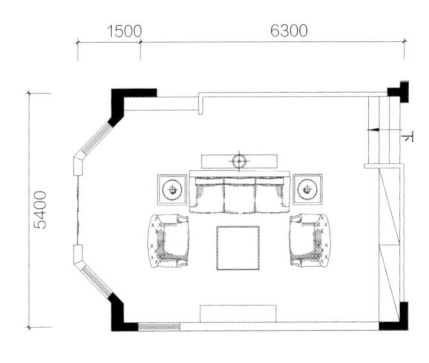

图 3-9 客厅的平面布置（单位：mm）

  C. 客厅的地面宜采用地毯、木地板、瓷砖、大理石等。

  D. 客厅的墙面设计宜考虑环保的材料，采用墙纸、乳胶漆、木制挂板等成品材料，并注意隔音的设计。

  E. 客厅应具有良好的通风和采光。

  ②空间行为特征

  客厅一般靠近别墅的入口，连接其他区域空间，聚会、交流的重要区域。客厅是一个公共活动区域，也是一个使用频率非常高的共享空间，是一个相对动态的区域，人在里面的行为主要以交流为主，所以要考虑客厅的动线设计，并且进行合理的分区。

  ③尺度与布局

  别墅的客厅空间在整个居住空间里是开放、动态的共享空间，也是其建筑室内、空间形态、文化诉求、人文内涵最为丰富和集中的地方，更是别墅整体空间中最为重要的空间节点和灵魂所在，所以别墅客厅的空间尺寸一般较大，空间形态呈现宽敞大气的特征。

  客厅的布局应该充分考虑人的交通流线，在布局上应尽量避免与其他的交通流线相混淆。在分区上需要根据需求，个性化合理划分区域，可采用"硬性划分"和"软性划分"两种方式。"硬性划分"是指通过隔断、家具的设置把空间分成相对封闭的几个区域来实现不同的功能，主要通过隔断、家具的设置独立出部分空间。"软性划分"是把空间进行暗示性的划分，如通过不同的材料、装饰手法、特色家具、灯光造型等。（图3-9）

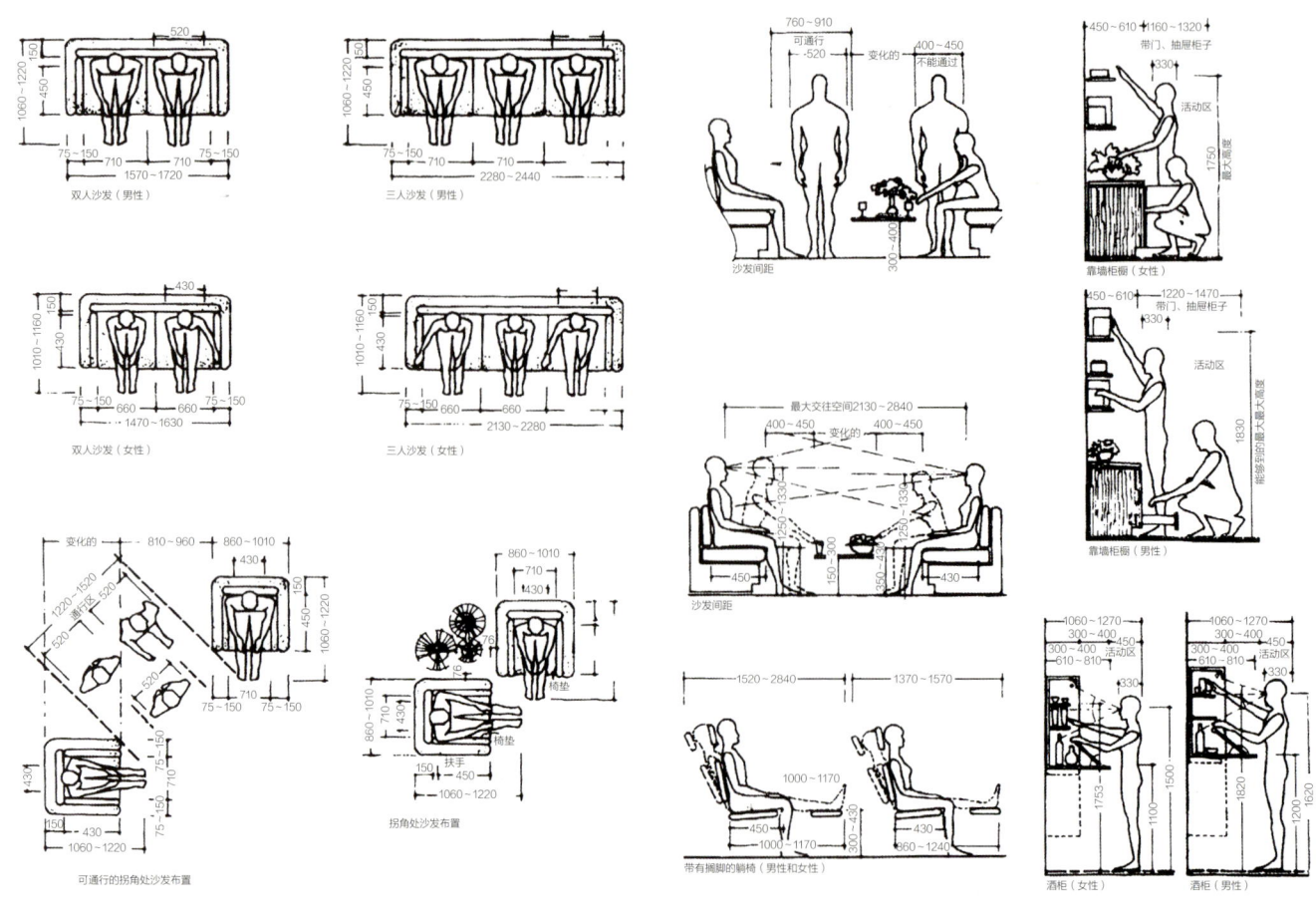

图3-10 客厅人体活动空间尺度（单位：mm）　　　　　　图3-11 客厅人体活动空间尺度（单位：mm）

④客厅的家具配置

在别墅空间中，客厅的家具配置形式一般以沙发和电视柜为代表，沙发布置一般有"U"形（围座）、"L"形（半围座）及选配形三种形式。"U"形沙发是客厅中最常用的一种形式，这种形式适合面积较大的客厅空间，能让客厅显得美观、高贵、大方。"L"形常用于面积及开间较小的客厅空间，"L"形沙发较为节省空间，显得客厅较为随性自在。（图3-10至图3-12）

⑤客厅的照明设计

客厅是家人团聚和会客的区域，照明设计倾向于灯具本身的装饰性和照明功能性相结合的方式，既有恰当的照明条件，又要配置不同的灯营造客厅的氛围。如大厅中央主体照明使用吊灯，从而使空间具有一定的向心作用，辅以折射式灯带的泛光和点射式的重点透射光，以及背景灯、展示灯、壁灯、台灯、落地灯的局部用光，或烘托氛围，或提供重点照明，使空间光影层次分明，形态生动。（图3-13）

⑥客厅的色彩设计

由于客厅的主要功能是会客和休闲，在颜色选用上通常采用中性色，一般选用中性的浅灰白、浅米黄、浅灰绿、浅琥珀色等（图3-14）。在墙面设计上也可根据个性化需求、空间大小特点等选择色彩，如面积较小的客厅多选用淡雅的色彩，面积较大的客厅可选择较深的色调，也可根据使用者的喜好运用跳跃鲜艳的色彩来突出重点装饰部位。在地面的色彩设计上需要注意运用较重的颜色，以衬托墙面色彩。顶棚的设计不宜采用过深的颜色，避免使空间显得压抑。整体客厅的色彩设计需注重色彩与光照、材料、空间整体氛围的统一协调。

⑦客厅的陈设与绿化

客厅的陈设可采用工艺品（如瓷器、陶器、装饰画、小雕塑、玉器等）和织物（如窗帘、沙发面、靠

图 3-12 "L"形和"U"形客厅沙发布置

图 3-13 变化丰富的客厅照明设计

图 3-14 中性色的客厅色彩设计

包及地毯、挂毯等)来烘托整体空间的氛围,给人以美的享受。在选择上需注意与客厅空间总体风格色彩统一协调,陈设不宜过多,意在突出客厅空间的主题和意境。

客厅的绿化设计宜选用耐阴观叶的植物,如发财树、巴西木、散尾葵等,可设置于角落、沙发旁、近窗处、过道端头等。也可在茶几上摆放一些富有装饰意味的插花等。(图 3-15)

(3) 餐厅

餐厅是别墅空间里供家庭成员和客人用餐的重要功能空间之一。一般情况下,别墅的餐厅都有独立的空间,但是也有少数的别墅餐厅在空间上与客厅相连,也有将餐厅与厨房空间合为一个整体的,这种空间设计方式在国外较多。(图 3-16)

图 3-15 各种各样的陈设与绿化为客厅注入生命力

①餐厅设计的基本原则

A. 餐厅的设计应根据空间面积及使用者的不同需求、生活习惯来进行平面布局及空间划分。

B. 餐厅的设计应考虑通风及采光的合理设计。

C. 餐厅的整体氛围应让人感觉轻松、简洁、明快，色彩宜以明朗轻快的色调为主。

D. 餐厅最好能有独立的区域范围，不提倡"模糊双厅"。

E. 餐厅最好与厨房相邻，避免距离过远，耗费过多的配餐时间。

②空间行为特征

餐厅的功能都是提供用餐及家庭聚会的地方。别墅餐厅空间的设计应该着重考虑功能的实用性，功能区域划分合理且充分考虑使用者的喜好和生活习惯。作为家人感情交流的场所，餐厅的设计还应满足心情舒畅的用餐需求，所以餐厅的设计不能局促，色彩上应考虑到餐厅空间的特殊性采用淡雅、清新的色调，还应满足采光通风的需求，设计宽敞、明亮、舒适的餐厅。

③尺度与布局

由于别墅的餐厅空间是用于家庭餐饮和待客的场所，在空间尺度上需满足就餐的功能和餐饮方式的需要，所以空间尺度应与动线和动作尺度结合考虑。（图 3-17、图 3-18）

在布局上，别墅空间的餐厅设计一般分为厨房兼餐厅和独立式餐厅两种形式。

厨房兼餐厅：这种餐厅一般设置在空间面积较大的厨房空间里，欧美国家比较倾向于这种餐厅的设计方式。

独立式餐厅：这种布局形式在别墅空间里较常见，餐厅需与厨房距离近，便于备餐，方便使用。（图 3-19）

④餐厅的家具配置

别墅空间里餐厅的家具种类包括餐桌、餐椅、餐边柜、装饰酒柜等。最常用的餐厅家具有方桌、

图 3-16 供家庭成员和客人用餐的餐厅空间

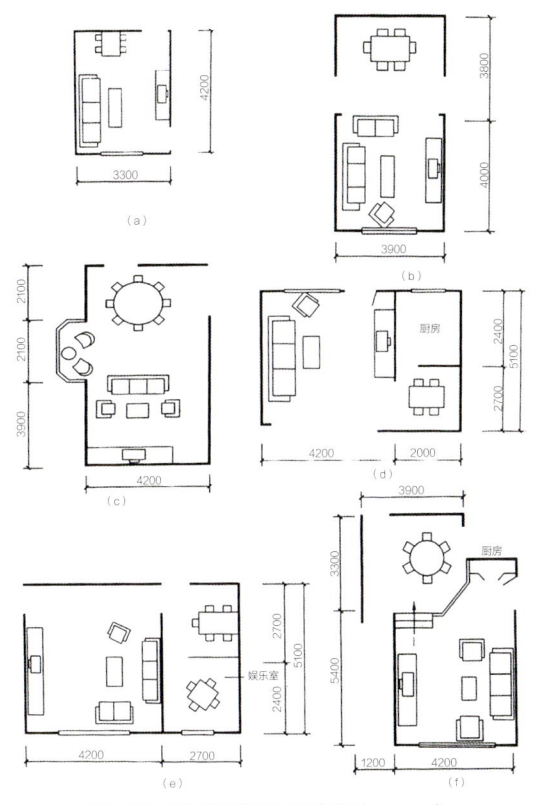

图3-17 餐厅的平面布置（单位：mm）

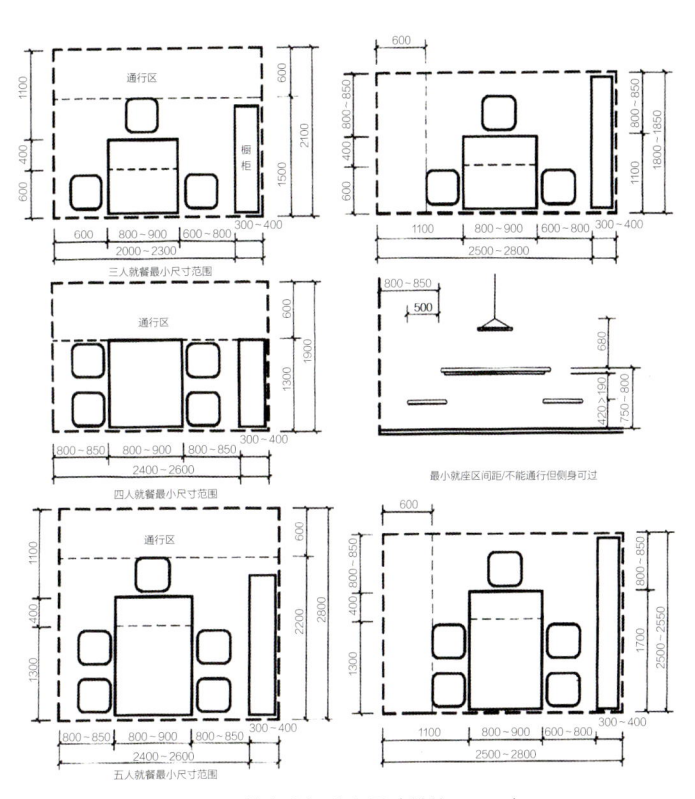

图3-18 就餐空间分布图（单位：mm）

图3-19 餐厅在别墅空间中的两种形式

图 3-20 餐厅的家具配置

图 3-21 局部照明可为餐厅空间营造就餐氛围

圆桌、长桌这三种形式，家具形式一般根据餐厅的风格、空间大小、特点及使用者的行为习惯来选择。（图 3-20）

⑤餐厅的采光与照明

餐厅的照明可采用基础照明、局部照明、混合照明三种方式。满足基础照明的同时，可在餐厅的背景墙、酒柜、装饰画上用石英射灯进行局部重点照明，也可在天花板上采用暗藏式灯带作为装饰用光，增加空间氛围和层次，色彩素雅的吊灯可营造出家的温馨气氛且本身具有装饰性，既能满足对光线的需求也能营造和谐的氛围。（图 3-21）

⑥餐厅的色彩设计

餐厅的色彩设计能一定程度上影响人的就餐心情。这里说的色彩设计不仅包括餐厅环境的色彩，也包括食物的色彩搭配。在别墅空间中，餐厅的整体色彩应注重与其他界面的色彩相统一，墙面以明朗轻快的暖色调为主，暖色调的搭配不仅能刺激食欲，还能营造家的温馨感。地面的

图 3-22 色彩淡雅的餐厅设计能带给人愉快的用餐心情

图 3-23 厨房是别墅空间中的核心功能空间之一

色彩可根据整体风格进行搭配，不宜过于鲜亮。顶面的色彩不宜太重。也可利用灯光的颜色来调节室内色彩气氛。如在家具颜色较深的情况下，可选用颜色明快清新的淡色台布来衬托。（图 3-22）

⑦餐厅的陈设与绿化

餐厅的陈设可选用瓷器餐具、器皿、金属制品、字画、花瓶、窗帘、坐垫、靠垫等，可成为整体装饰的点睛之笔。整体装饰应考虑与餐厅整体风格协调统一，创造一个轻松、明快的就餐氛围。餐厅的绿化主要起美化环境、调节心理的作用，可采用悬挂或落地盆栽，如秋海棠、紫罗兰等，切忌花花绿绿易影响人的食欲。

（4）厨房

厨房是别墅空间里必不可少的核心功能空间。由于厨房的使用频率高，所以要按照人体工程学进行功能化、合理化的设计。（图 3-23）

①厨房设计的原则

A. 厨房的设计应遵从人体工程学原理，从各个方面去考虑减轻使用者的劳动强度及操作时间。

B. 在进行厨房设计时，应根据操作流程合理布置灶具、抽油烟机、热水器等设备，且需充分考虑这些设备的安装、维修及使用安全。

C. 厨房的装饰应选用色彩素雅、易于清洗的材料。

D. 厨房的地面宜采用防水、防滑、易于清洗的地砖及防滑抛光砖等。

E. 厨房的顶面、墙面宜选择防火、抗热、易清洁的材料，如有釉面瓷砖墙面、铝板吊顶等。

F. 厨房的装饰设计不能影响厨房的采光、通风、照明等效果。

G. 在进行厨房装饰设计时，严禁移动天然气表及管道，不得对其进行包裹，同时应考虑抄表方便。

H. 厨房应首重实用功能，不能以美观为设计原则，首先应考虑安全实用。

②空间行为特征

人在厨房空间内的行为特征主要包括烹饪、食品加工、食品储藏三个方面，而厨房正常的操作流程是储藏、准备、食物餐具洗涤、加工烹饪直至出品，所以要充分考虑到人在厨房空间内的行为特征，并对储藏柜、冰箱、水槽、灶具的顺序位置安排进行合理、有效的设计，能节约60%往返行程和27%操作时间，可大大提高厨房的使用效率。

③尺度与布局

别墅空间中厨房的尺度大小应根据空间大小、户型结构、家庭成员的数量、餐饮习惯、文化特征及个性需求来确定。在一般居住空间中，厨房的空间类型分为三种：独立式、半开放式和开放式。但是在别墅空间中，由于空间品质的要求较高，所以厨房的空间类型一般分为独立式、半开放式、开放式及复合式四种。

独立式厨房是指相对独立的空间，有完整的墙和门防止油烟外泄，这种一般居住空间采用的厨房类型显得较狭小、封闭。

半开放式厨房相对于独立式厨房来说较开敞，一般采用家具陈设或垂壁的方式来区分厨房空间与餐厅空间。这样的空间类型相对独立，但是对于我国的烹饪习惯来说不能彻底地解决油烟问题。

开放式厨房是将厨房空间与餐厅空间设在一起，虽然加强了烹饪和就餐的联系，空间的互动性也较好，能促进沟通，且空气流通性较好，但是在中餐的烹饪过程中，由于油烟外泄，会影响用餐环境和室内气氛。

复合式厨房是针对有较大空间面积的别墅空间而提出的概念。它是指把独立式厨房中的基本烹饪操作以外的空间加入餐厅内，既相对独立又不失空间的互动性的空间。在不增加厨房面积的条件下，尽可能地细化厨房的功能空间，把中厨、西厨有机地整合在一起，把操作空间细分为备餐区、家务区、烹饪区和就餐区，但是又不影响其操作动线的连续性和近便性原则。

厨房的操作平台布局是厨房空间设计的重点，一般有一字形、"L"形、双排式、"U"形和岛型。

一字形是指所有的操作平台（洗涤槽、操作台、灶台）在一条直线上，在设计的时候靠墙面的一侧。这种布局方式虽然视觉上简洁明快，但是空间利用率较低，适用于厨房空间面积较小的情况。

"L"形是操作平台靠着墙双向展开，或是开放式的"L"形。这种布局方式可以充分地利用厨房中间空旷的地区，让使用者在洗、切、炒这个过程内形成一个三角形的活动曲线，这样人往返的操作路线短，

图 3-24 "L"形的操作平台布局

第三教学单元　基于功能的别墅室内空间设计　55

图 3-26　"U"形的操作平台布局

图 3-27　岛型的操作平台布局

效率高，是较为理想的厨房操作平台布局。但由于是"L"形，所以转角处容易形成死角，需要合理设计。（图 3-24）

双排式布局是将操作平台平行布置在两边，且两端开放。这种布局方式可以缩短操作的往返路线，动线距离变短，提高了工作效率。但由于只有中间的通道，会影响厨房操作的使用效率。《住宅设计规范》（GB 50096-2011）中规定，厨房双排布局，两排设备间的净距离不小于 0.9m。为提高操作的舒适程度，净开间在 2.4m 以上的厨房，建议采用双排式布局。（图 3-25）

"U"形布局是指将操作平台以"U"形的形式布置在空间内，水槽、工作台、炉灶、冰箱沿墙置于 U 字的底部，储藏区和烹饪区分别置于 U 字的两侧为宜。"U"形操作平台的设计需要厨房有较大的使用空间，所以这种布局方式不仅操作面积大，可以容纳多人同时使用，还能形成合理的工作三角区，是较为省时省力的设计。（图 3-26）

岛型布局即有双操作台，中间留出通道，呈现岛形设计。一般适用于空间面积较大的别墅厨房空间，一般位于厨房的中间，形成一个便餐桌，既可以用于备餐，又可进行烹调准备，还可用来充当餐桌。（图 3-27 至图 3-30）

图 3-25　双排式的操作平台布局

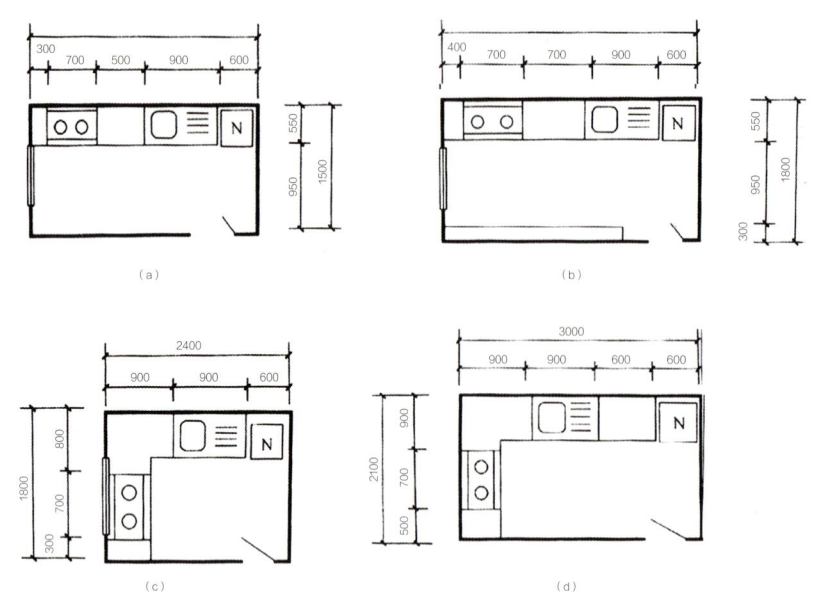

图 3-28 厨房的平面布置（单位：mm）

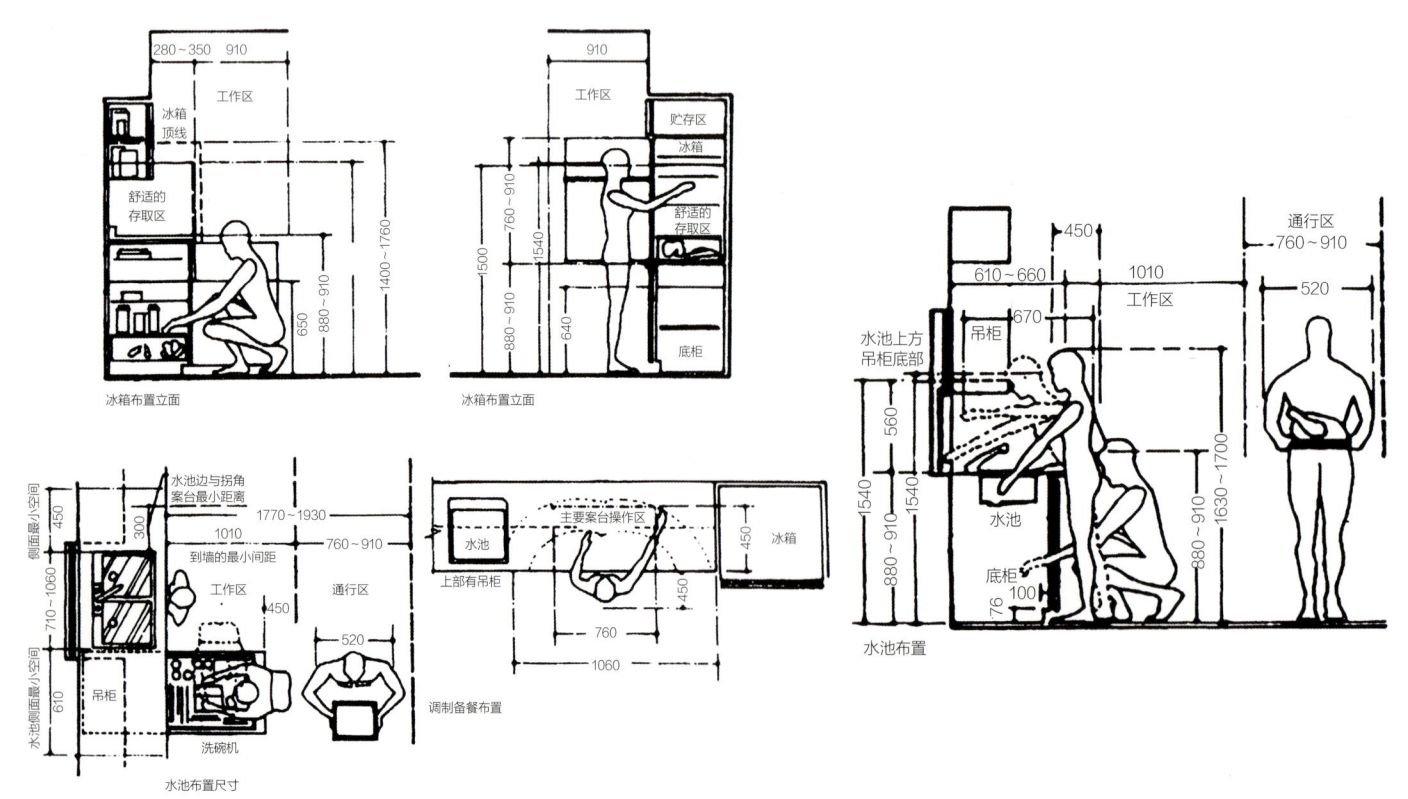

图 3-29 厨房的人体活动空间尺度（单位：mm）

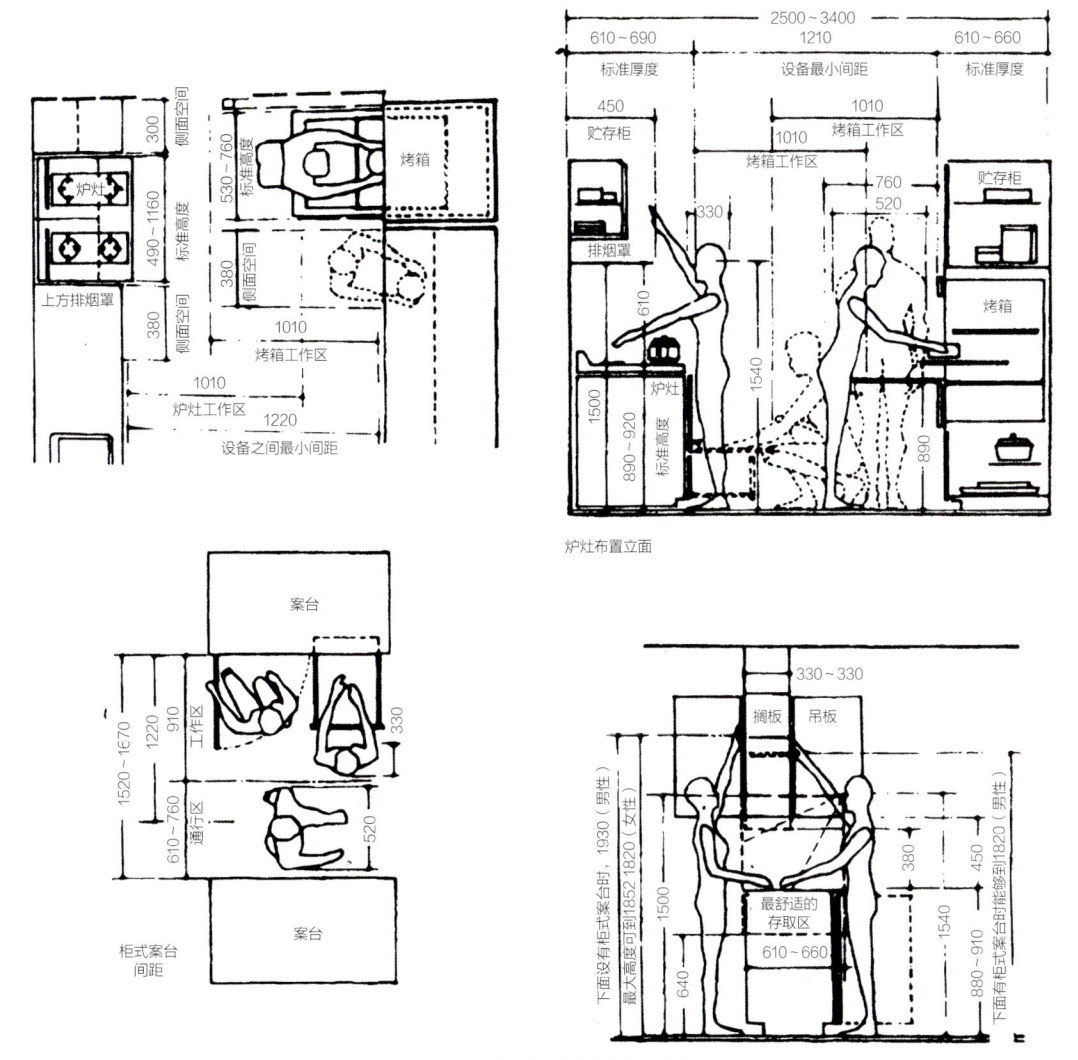

图 3-30 厨房的人体活动空间尺度（单位：mm）

④厨房的家具配置

厨房的家具主要包括操作台、洗涤台和烹调台，这三个部分是厨房家具配置的关键。在厨房家具设计时应考虑烹调操作顺序来进行合理的布置，以提高效率，并且在平面布置时还应考虑冰箱、水池等的范围及人调制备餐的活动范围。

⑤厨房的采光与照明

根据《住宅设计规范》（GB 50096-2011），厨房应采用直接采光，采光系数最低为1%，窗地比大于或等于1：7。厨房一般采用普通照明和局部照明，在顶面应安装普通照明用的吸顶灯或吊灯，还应安装局部照明用的壁灯及柜内照明灯，以方便所有的操作能有足够的光线。厨房的普通照明设计应有足够的照度，满足人的心理需求，以提高工作效率。（图 3-31）

在光源上多数采用白色或暖白灯光，因为白光看起来干净明亮，过暖或者过冷的光源都会影响眼睛对食材的判断。在此基础上还能设计一些辐照照明提升厨房的品质感，比如吊柜下方的光源，切配区附近的局部照明，抽屉中、大立柜的照明等。

⑥厨房的色彩设计

厨房色彩设计的目的是为创造一个精致、明亮、现代化的备餐环境。设备与家具的用色上应符合室内空间统一的色调，以淡雅、明快为主，中深色作为点缀色。整体色调应以中性色彩为主，吊顶采用白色、米白色、银色的铝扣板或铝方板，也可采用纸面石膏板吊灯。厨房间的操作环境

为高温环境，瓷砖的颜色宜采用浅色和冷色调为主，比如白色、浅绿色、浅灰色等。（图3-32）

⑦厨房的陈设与绿化

陈设基本以厨房用具为主，如陶瓷餐具、玻璃器皿、瓷盘等色彩鲜艳而又易于清洁的陈设品。绿化可放置一些以点缀为主的生命力顽强耐阴的植物，如文竹、石竹、吊兰、绿萝等。（图3-33）

（5）家庭活动空间

①健身房

健身这项活动已经越来越受到人们的重视，在别墅空间条件足够和家庭成员需求的情况下可设置健身房。健身房里主要就是进行健身活动，如哑铃、跑步等，可根据家庭成员的健身爱好来进行选择，其空间的大小应结合健身活动的内容来确定，一般 $8m^2 \sim 12m^2$。可设置单独的健身房、瑜伽室，在面积足够且家庭成员需求的情况下还可设置室外游泳池、室外球类场地等。在通风与采光设计上应保证空间自然富足流通，同时房间应该敞亮，可设计安装落地窗。（图3-34）

②娱乐室

娱乐室是家庭内部活动的场所，是提供家庭成员休闲、娱乐、交流情感的地方。使用者如有需求且空间面积足够的情况下可考虑设置。娱乐室活动最好在单独的空间里完成，且远离私密性空间，如卧室、书房，以免产生噪声，影响其他的空间行为。娱乐室主要是让家庭成员可以在繁忙的工作、学习之余有一个轻松的环境进行休闲娱乐活动，所以可根据空间面积及家庭成员的行为需求来配置家具设施。家具设施一般有棋牌类用的桌椅、电脑及配套设施和相应的桌椅等。还可把娱

图3-31 厨房的照明设计

图3-32 色彩柔和的厨房设计

图3-33 陈设与绿化为厨房带来活力

图3-34 别墅空间中的健身房设计

乐室设置成影音室，配置影音设备。其空间面积和采光应结合功能需求来确定。（图3-35）

2. 私密性空间

（1）卫生间

卫生间是私密性要求较高的空间，因为它是家庭成员进行个人卫生的场所。在别墅空间里，使用者对卫生间的设计要求会相对一般居住空间更高，卫生间的设置标准也有所不同。（图3-36）

①卫生间设计的基本原则

A. 卫生间设计应综合考虑盥洗、浴室、厕所三种功能的使用。

B. 卫生间的装饰设计不应影响卫生间的功能设计，如采光、通风效果、电线和电器设备的选用和设置应符合电器安全规程的规定。

C. 地面应采用防水、耐脏、防滑的地砖、花岗石等材料。

D. 墙面宜用光洁素雅的瓷砖，顶棚宜用铝扣板、铝方板等材料，也可用防水纸面石膏板、防水乳胶漆等装饰。

E. 卫生间的浴具应有冷热水龙头，浴缸或淋浴间宜用推拉隔断分隔。

F. 卫生间的地平应向排水口找坡倾斜。

G. 卫生洁具的选用应与整体布置协调。

H. 有条件的空间应尽可能考虑干湿分区。

②空间行为特征

别墅空间内的卫生间不同于一般居住空间的卫生间，其在于人需求的功能更加多样化，形式上更加品质化。别墅空间内的卫生间因为空间面积较大、数量较多，其功能更加完善和多样，以满足需求，别墅空间的卫生间设计不仅要注重实用性，还要注重整体空间的美观性，使人们在卫生空间里能够感到轻松、愉快、洁净、方便、安全、舒适。比如在设置了清洁区和便溺区后，设计卫生间干湿分离，设置美容化妆区，甚至在卫生间面积足够大以及住户要求的情况下，设置健身区、桑拿浴室、蒸汽室、美容化妆区等。

③尺度与布局

根据《住宅设计规范》（GB 50096-2011）中规定，每套住宅应设卫生间，并至少配置3件卫生洁具。在《住宅设计规范》（GB 50096-2011）四类住宅宜设置2个或2个以上卫生间。在别墅空间中不同洁具组合的卫生间净面积应满足下列规定。

A. 完成盥洗活动，设置洗脸盆的平面尺寸最小为0.8m×0.9m。

B. 完成便溺活动，设置单个坐便器的平面最小尺寸为0.9m×1.2m。

C. 完成淋浴活动，设置淋浴器的平面最小尺寸为0.9m×0.9m。

D. 完成洗浴活动，设置浴缸的空间，在浴缸的侧面至少需有0.6m宽度。

《住宅设计规范》（GB 50096-2011）中指出，不同洁具组合的卫生间使用面积不应小于下列规定。

A. 坐便器、洗浴器、盥洗盆三件卫生洁具所占面积为3m^2。

B. 坐便器、盥洗盆所占面积为2.5m^2。

C. 单设坐便器所占面积为1.1m^2。

因此根据以上洁具面积的设置，普通居住空间卫生间的面积以4m^{2}以上为宜。

在别墅空间里，每个公共空间及卧室应根据需求合理设置卫生间。卫生间的平面布局应考虑到不同功能、使用对象来进行区分使用，做到主客分离，动静分离，家庭主人与其他成员的个人使用功能分离，提高空间的私密性、卫生性、舒适性。

图3-35 别墅空间中的娱乐室设计

图3-36 别墅空间中的卫生间设计

公共卫生间的平面布局应考虑最基础的清洁区和便溺区，而主卫及次卫的平面布局应该根据生活习惯设计更多的使用功能，如健身区、桑拿浴室、蒸汽室、美容化妆区。（图3-37 至图 3-39）

④卫生间的洁具配置

卫生间的洁具包括洗面盆、浴缸、坐便器及一些附属品（毛巾架、浴巾架、储藏柜、电吹风等），它们的配置坚持使用方便的原则，满足人的生理和心理需求。如坐便器、盥洗盆和浴缸的设置应充分考虑人体需求及洁具的尺寸，合理布置。还应从细节上考虑功能设计，如卫生间墙面上应配置不锈钢毛巾架、肥皂架、手纸盒等，以方便使用。在卫生间的平面配置上，除了考虑洁具的尺寸以外，还应考虑人体的空间活动范围。在别墅空间里，卫生间的空间面积相对较大，所以在平面设计时还可以把洗漱区与淋浴区分开，在布置上有明显的划分，做到干湿分离。（图 3-40）

⑤卫生间的采光与照明

卫生间设计应采用自然通风，直接采光，且卫生

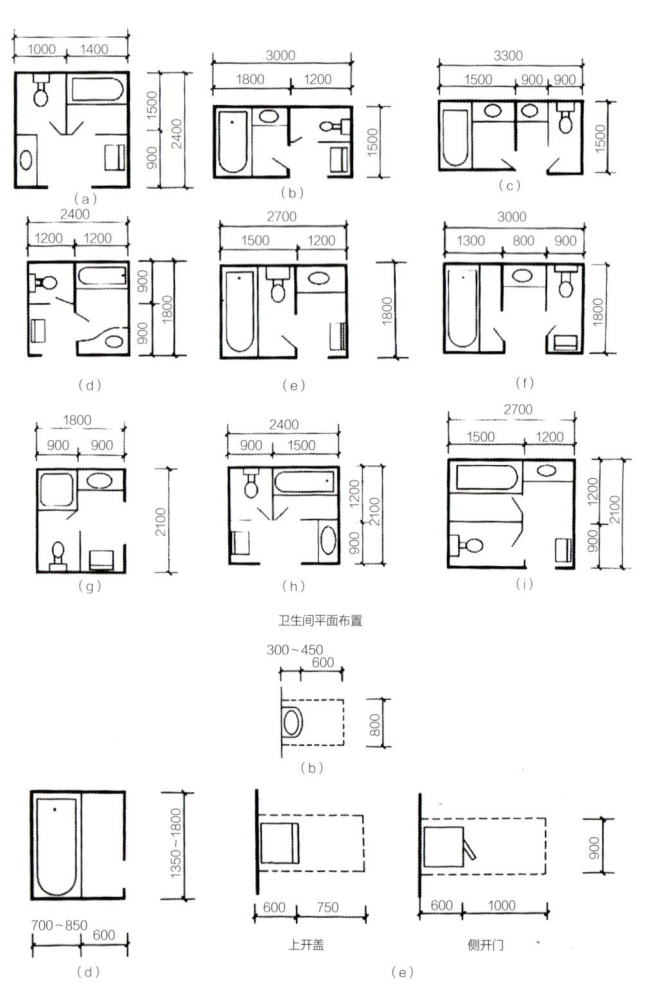

图 3-37 卫生间人体活动空间尺度（单位：mm）

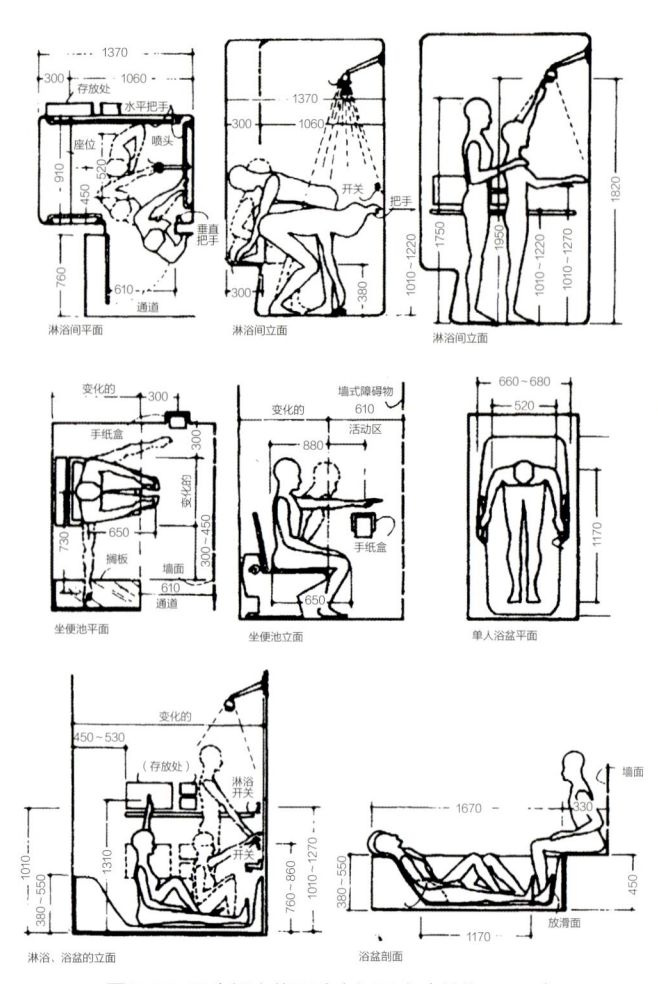

图 3-38 卫生间人体活动空间尺度（单位：mm）

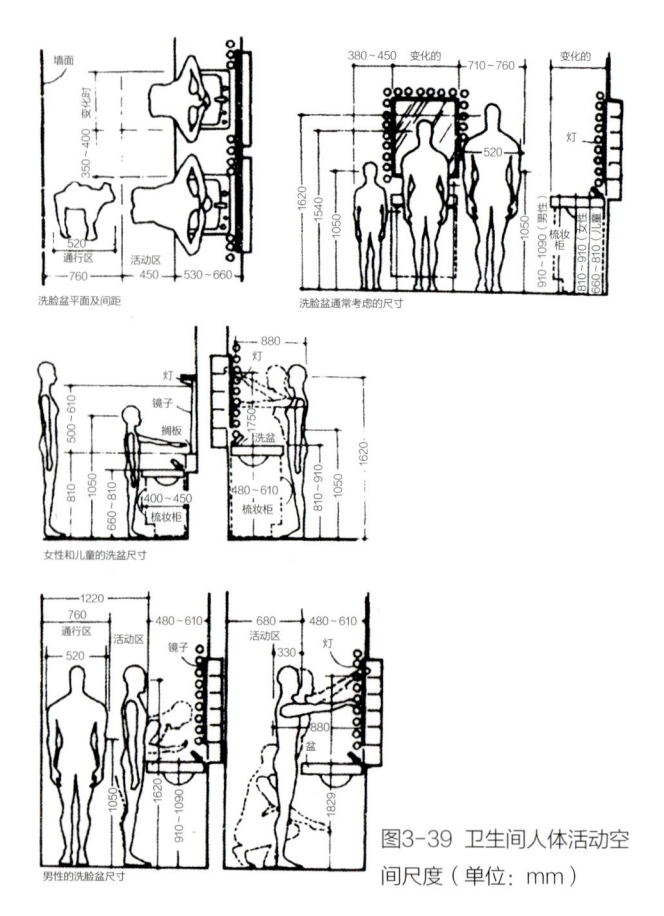

图 3-39 卫生间人体活动空间尺度（单位：mm）

图 3-40 洁具的合理布置　　　　　　　　　　　　　　　图 3-41 简洁明亮的卫生间设计

间的通风开口面积不应小于卫生间地板面积的 1/20。卫生间的照明方式通常采用一般照明、局部照明两种，常见的灯具有吸顶灯、筒灯、镜前灯、防水射灯等。一般照明通常采用吸顶灯或者筒灯，针对台盆区、淋浴区可单独安装能够加强局部照明效果的灯具，如镜前灯、防碎射灯等，也可在部分区域采用氛围照明的方式凸显空间氛围。卫生间应使用密封性好，具有防潮、防锈功能的灯具。（图3-41）

⑥卫生间的色彩设计

卫生间的色彩设计首先应考虑空间大小、朝向及周围色彩，做到协调、整洁，如洁具"三大件"的色彩保持一致，以它们的色彩作为主色调，与墙面、地面的色彩协调搭配，才能使卫生间整体感觉温馨舒畅。在空间配色方案上，分为冷色系、暖色系和中性色，冷色系让人感觉清爽舒适，暖色系让人感觉温暖阳光，而中性色让人感觉大方简约。（图3-42）

⑦卫生间的陈设与绿化

卫生间的陈设可设置小巧、色彩明亮的小件饰物，以

图 3-42 舒适协调的卫生间色彩设计

图 3-43 卫生间的陈设能起到点缀装饰的作用

瓷质或塑料为主，如化妆品、杯子、花瓶、陶艺、干花等能起到点缀装饰的作用。卫生间因湿度和温度较高，所以应选择耐阴暗、喜潮湿的植物使之生长茂盛，以增添生气，如羊齿类植物、干花等，让人赏心悦目。（图3-43）

（2）卧室

卧室的数量和类型应根据别墅空间的面积及家庭成员的需求而设定，一般分为主卧室、单人次卧室、双人次卧室、客房等。虽然卧室的类型较多，但由于卧室是提供休息和睡眠的场所，是属于比较私密的空间，所以应营造一个放松、舒适的卧室环境。（图3-44）

图 3-44 简洁温馨的卧室设计

①卧室设计的基本原则

A.卧室最重要的是保障它的私密性，不仅要考虑阻隔人的视线，还要充分考虑隔音的问题。

B.卧室应根据使用者的年龄、个性和爱好来设计。

C.卧室的地面宜用地毯、木地板等宜人的材料。

D.卧室的墙面装饰宜用墙纸、墙布或乳胶漆，色彩或纹样应根据使用者的年龄、个人喜好来选择。

E.卧室的人工照明应考虑整体照明、局部照明及氛围照明，卧室的照明光线要柔和。

F.卧室应有良好的通风，如果通风不良应适当改进。卧室的空调器送风口不宜对着人长时间停留的地方。

G.卧室还应考虑部分的收纳功能。

②主卧室

A.空间行为特征

主卧室一般是指家庭主人的夫妻卧室，由于主卧室是一套居住空间里较核心的场所，也是夫妻双方营造家庭归属感的地方，所以在保证主卧室私密性的前提下要尽量选择朝向良好、空气流通的空间，面向风景优美的景观。在别墅空间面积足够的情况下，主人在主卧室里会有除睡眠、休息外的其他行为特征，如看书、化妆、更衣、休闲等行为。所以在主卧里还可设置休闲区、进入式更衣间、卫生间、学习工作区、独立化妆台等。根据别墅的档次及建筑面积大小，有的主卧还有独立阳台和露台。

B.尺度与布局

主卧室的面积不能过小，也不宜过大，过大会影响空间的安定性。在平面布局中主卧室主要包括睡眠区、更衣区、休闲区及专用卫生间。睡眠区是卧室中最重要的区域，主要家具包括双人床及床头柜。双人床的放置不宜靠墙，以方便两人独立活动。从室内设计的角度来说，床的面积对卧室整体效果的影响至关重大。床太大或太小都会影响美观和使用，所以床的面积最好不要超过卧室面

图 3-45 主卧中的睡眠区

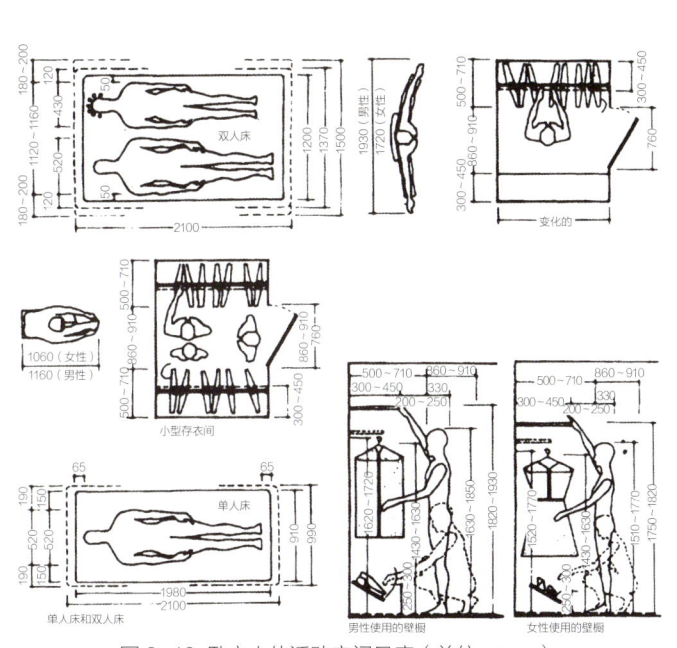

图 3-46 卧室人体活动空间尺度（单位：mm）

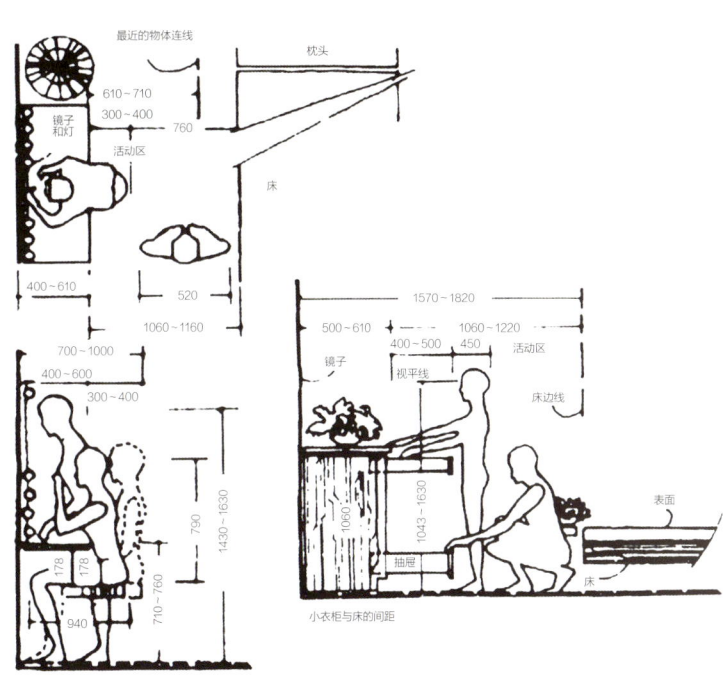

图 3-47 卧室人体活动空间尺度（单位：mm）

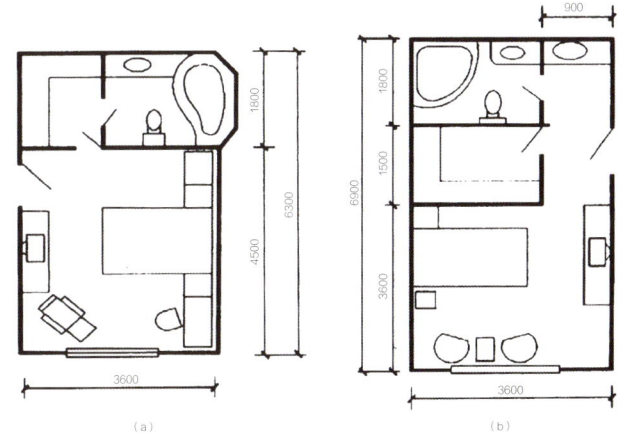

图 3-48 主卧室的平面布置（单位：mm）

图 3-49 简洁大方的单人次卧室

积的 1/2，理想的比例应该是 1/3。现代别墅设计一般把更衣空间纳入了主卧室中，以起到便捷更衣及储藏衣物的作用。（图 3-45）

主卧中设置休闲区能提高居住品位。应根据主人的行为习惯及爱好设置品茶、视听、读书（报）等功能。别墅主卧室里应设置专用卫生间，这是必备的功能空间。设置专用卫生间不仅提高了居住标准，使用也更为方便、私密。（图 3-46 至图 3-48）

③单人次卧室

A. 空间行为特征

单人次卧室一般由子女或者单独的老人使用，如果是子女使用，需根据子女的性别、年龄、个性来设计。如果是单独的老人使用，在设计上要更多地体现对老人的关心与关爱，如考虑老年人视力、听力较差的问题，保证空间内的行动流畅，设计上注意地面的防滑及整体环境的舒适、安静等。在设计时还需考虑储藏、更衣、读书等功能，尽量根据使用者的需求完善功能。（图 3-49）

B. 尺度与布局

我国《住宅设计规范》（GB 50096-2011）中规定，单人次卧室的低限面积为 6m²（不包含储藏面积）。在别墅中的单人次卧室面积相对也不会太小，所以布局中也可以将各个空间划分明确，进行合理的布置。（图 3-50）

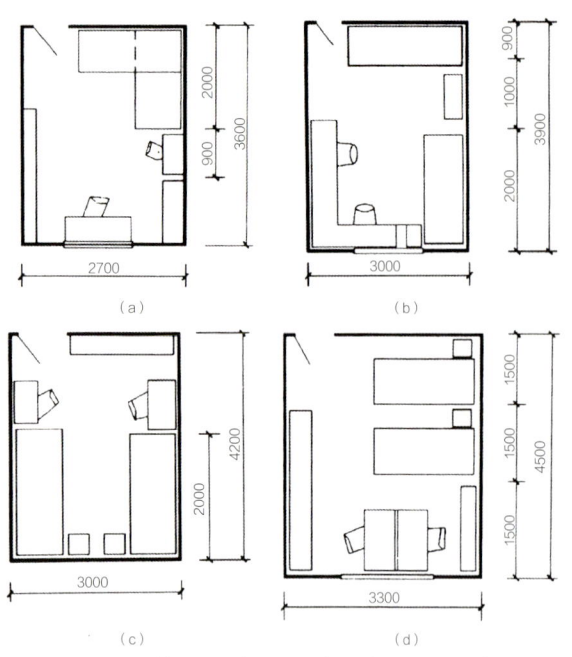

图 3-50 单人次卧室的平面布置（单位：mm）

图 3-51 合理灵活的双人次卧室

④双人次卧室

A. 空间行为特征

双人次卧室主要是由老人与孙辈同室、子女复数同室、家庭中另一对夫妻使用或作为客房使用等。如子女复数同室的双人次卧室，除了考虑子女的性别、年龄和个性外，还需要注意空间的灵活合理布置及安全问题，方便使用的同时保护子女的安全。老人与孙辈同室在设计上要照顾老人的心理及生理需求，尽量使习惯差别较大的人群能共用空间。家庭中另一对夫妻使用的次卧室和主卧室的居住要求和行为习惯基本一致。如作为客房使用可适当地减少储存空间。（图 3-51）

B. 尺度与布局

按照我国《住宅设计规范》（GB 50096-2011），双人次卧室的低限面积为 10m²（不包含储藏面积）。双人次卧室除了另一对夫妻使用的情况考虑使用双人床以外，子女复数同室和老人与孙辈同室应该考虑双层床或独立的两个单人床。在空间足够的情况下，还应考虑休闲空间、学习工作区及储藏区。（图 3-52）

⑤卧室的家具配置

卧室的基本功能分为两个方面：一方面须满足休息和睡眠，另一方面适合于休闲、工作、梳妆等综合需求。所以卧室的家具包括床、床头柜、衣柜、电视柜、梳妆台、工作桌、休闲沙发椅等，一般以床作为卧室的家具中心，床的摆放位置对卧室的布局有直接影响。影响床摆放的因素有开窗开门的位置、上下床的位置等。电视柜一般与床相对布置，方便使用者观看。衣柜一般摆放在床旁的侧墙边，在别墅空间里，空间面积较大的卧室一般配置有专门的更衣及储藏衣服的空间，所以有的衣柜也摆放在里面。在空间足够的情况下可根据使用者的习惯和爱好放置梳妆台、工作桌椅等以方便使用。（图 3-53）

⑥卧室的采光与照明

卧室一般采用局部照明，有时也采用混合照明的方式。卧室的照明应按功能的要求创造安静、闲适的光环境，在设计上应避免耀眼的光线和眼花缭乱的灯具造型。针对卧室的不同区域，可相应地选择适用的灯具，如床头可选用床头灯、床头壁灯，整个照明应使空间氛围安定、祥和。床头灯的色彩不宜过于浓

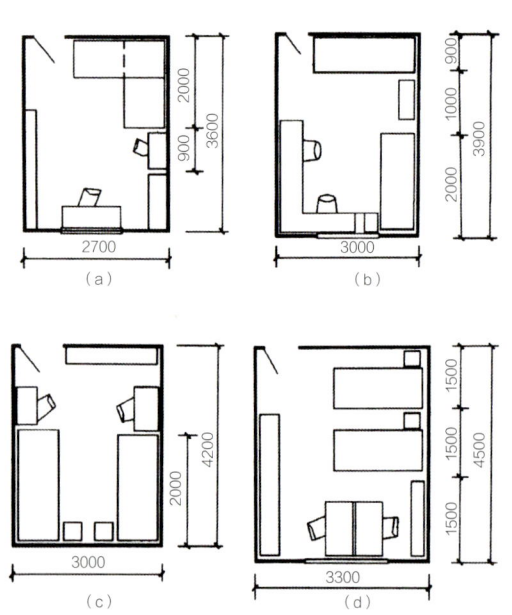

图 3-52 双人次卧室的平面布置（单位：mm）

烈鲜艳，可采用起到柔化灯光作用的灯罩，如羊皮纸、PVC 材料、绢布、磨砂玻璃等。卧室须考虑局部照明设施，如书桌照明、梳妆照明等，书桌照明一般采用台灯照明为主，而梳妆照明灯具宜安装在镜子上方，在视野 60 度立体角之外，以免使人产生眩光。次卧室的灯具设计需要考虑儿童的安全，灯具必须有一定的高度，且不宜安装台灯等可移动灯具。（图 3-54）

⑦卧室的色彩设计

卧室色彩设计的重点是要考虑到人的心理及生理的感受，运用色彩设计营造一个宁静、温馨、和谐的卧室氛围。首先应根据整体空间的风格确定卧室大面积的主色调，包括家具、墙面和地面的色调，其次确定好室内的重点点缀色调，如床上用品、窗帘等颜色，营造一个良好的休息氛围。（图 3-55）

⑧卧室的陈设与绿化

卧室的陈设可根据空间特点，设置一些具有实用功能的卧室用品体现室内风格及品位，如装饰地毯、落地灯、壁画、装饰画、床上用品、窗帘等。绿化应尽量少而精起点缀作用，可摆放文竹、蝴蝶兰等，都应是无菌土种植的植物。也可在茶几、案头放置"迷你型"小花卉，如海棠、天竺兰等。

（3）书房

书房又称家庭工作室，是别墅这种高品质住宅类型必不可少的空间，它是为个人设置的作为阅读、书写，以及业余学习、研究、工作的私密空间，使用者的职业会影响书房的设计，如画家、音乐家、舞蹈家等。在这里，主要针对相对较普遍的书房设计做介绍。（图 3-56）

①书房设计的原则

A. 书房应根据使用者的年龄、个性、兴趣和爱好等进行设计，并

图 3-53 卧室的家具配置

图 3-54 舒适的卧室照明设计能为卧室带来平和的空间感受

图 3-55 强烈的卧室色彩，能增强视觉效果

在设计时需考虑空间的相对独立性。

B. 书房的地面应根据需求宜用地毯、木地板等吸音材料，应考虑尽量安静，防止各种干扰。

C. 书房应有良好的自然采光，如果采用人工照明，也应考虑整体照明及照明标准。

D. 书房应有良好的通风，如果通风不良应进行适当改进。

E. 书房的空调出风口不宜对着人长时间坐着的地方。

图 3-56 明亮的书房设计

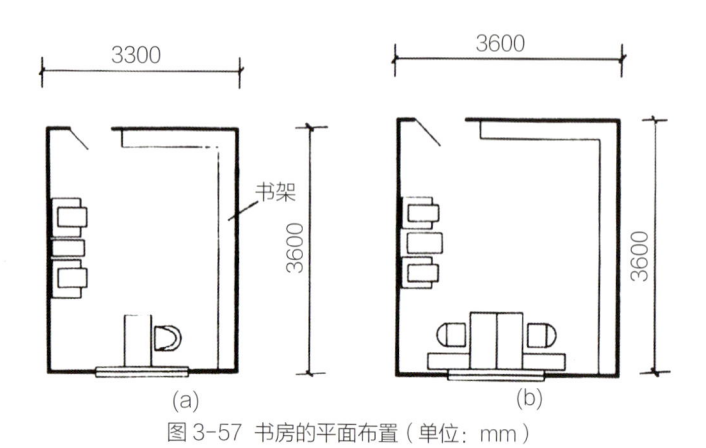

图 3-57 书房的平面布置（单位：mm）

图 3-58 根据空间的大小合理地选择书房家具

F. 书房家具的尺寸应适合人体工程学的要求，饰件与家具相协调。

G. 充分了解书房储物的需求，合理规划空间的收纳方式。

②空间行为特征

书房的设置主要是满足人读书学习的行为需求，所以必须配置工作区。还须配置有书刊、资料、用具等物品存放功能的储物区。在面积足够的情况下，书房也具有公共行为这种特点，也能成为多人交流学习讨论沟通的场所，所以在书房也可加入会客的功能，设置会客区。

③尺度与布局

书房的面积没有特殊规定，如果能够根据使用需求划分书房空间的面积，那么可根据房间大小、主人职业、身份、藏书量来考虑。布局应以书桌为中心，形成学习、阅读的工作学习区，再根据书房的面积配置书柜、书架、椅子、沙发等家具。（图 3-57）

④书房的家具配置

书房中的家具主要以书柜、书架、座椅、沙发、写字台为主，配置形式应以书桌为中心，旁边设置书柜、书架及相应的接待、交谈所需的椅子或沙发，形成阅读、书写工作区及会客区。书房的家具配置应根据室内空间布置选择合理的风格，以展现书房个性特点和文化内涵，形成良好的文化氛围。（图 3-58）

⑤书房的采光与照明

书房的照明方式一般有普通照明和局部照明，普通照明主要是为书房提供一个均匀照度，而局部照明主要是在书房内形成一个重点的区域，供阅读和写作。在设计书房整体照明时，可考虑选用吊灯或办公用格栅灯安装在书房中央，灯光不能太绚丽。还需选用台灯、落地灯以满足阅读和学习的需要。除了灯光的设置外，保留充足的自然光线对于书房来说也很重要。（图 3-59）

⑥书房的色彩设计

由于书房是人长时间使用的场所，所以色彩设计应采用平静、舒适的颜色，避免强烈刺激，宜采用明亮的无彩色或灰棕色等中性色，不适宜过于耀目。天花板的色彩应考

虑到室内的照明效果，一般选用白色调。家具和摆设应与墙面颜色和谐，保证色彩与光照、质地、环境的统一。（图3-60）

⑦书房的陈设与绿化

书房的陈设一般有窗帘、布艺、壁挂、字画、装饰画等体现业主喜好、品位和专长的物品，较淡雅，给人一种宁静感。绿化可选用耐阴习性、能在室内长时间摆放的小盆景，如文竹、君子兰等矮小但能增添书房雅致感的植物，还有小型观叶植物，如巴西木、发财树等。（图3-61）

3. 服务性空间

（1）车库

车库是别墅空间中特有的必不可少的空间。车库的设置为使用者提供了便捷、安全的空间。车库中人和车的交通流线需分开，避免交叉，在设计的时候要考虑到车辆的大小及数量。在别墅空间里，家用轿车单车车库的开间最小为3m，进深为5.5m～6m，净高不小于2m。车库门最好采用电动卷帘门，避免雨天操作不便。在车库面积足够的情况下，可设置停车区、储藏区、洗车区等。如果面积不足，在不影响车辆方便出入的情况下可合理放置收纳柜、洗车机等设备。

（2）储藏室

别墅的储藏间与衣帽间是两个不同的概念，在别墅室内空间里应单独设置储藏空间，有助于提升生活舒适度。储藏室的设计可根据家庭成员的具体需要设计，主要的功能是方便储藏衣物、箱子、日用品、棉被、杂物等。储藏室的面积可以控制在3m²～6m²，可利用坡顶屋面和楼梯下方空间进行设计。在设计时注意设置窗户或者安装排气扇，

图3-59 书房的照明设计需保证足够的照度

图3-60 书房中互相呼应的色彩设计

图3-61 书房的陈设与绿化能突显主人的品位

改善房间的通风状况。还须设计较明亮的普通照明设施以方便空间的使用。

（3）工人房

在别墅里一般都设置有工人房，工人房应紧挨后门和服务区域，如厨房、洗衣房等，避免其交通路线与其他路线过多的重叠。工人房也属于卧室，所以人在里面的基本行为特征也是睡眠和休息，其面积不用太大，满足基本功能即可。而且工人房的布局较为简单，主要提供单人床及储藏柜，有条件的可以配置小型卫生间。

(4) 洗衣房

别墅空间中的洗衣房是家庭生活不可缺少的部分，一般紧挨厨房、卫生间或阳台的地方。洗衣房里的空间行为包括洗衣、熨烫衣服、挂晾衣服、储藏衣服，面积足够和条件允许的情况下，还会设有衣服烘干机等。其位置尽量紧靠工人房，以为工人提供便利。洗衣房的面积应满足设备摆放和使用者的操作行为尺度。在布局上，上部需有挂衣架和烘干机的位置，下部应有洗衣机、洗手池、熨烫板的位置。因用水、用电量较大，应设专门的排水口和电源。洗衣房的地面一定要做防水处理，以避免地面积水渗透。

（二）空间构成设计

1. 空间关系

建筑的空间关系是空间之间的相互联系和影响而产生的，包括包容式空间、穿插式空间、并列式空间、过渡式空间。

（1）包容式空间

包容式空间是指大空间中包含小空间，两种空间既分又合，又有视觉和空间的连续性。在空间设计时既可以突出大空间的背景效果，也可以强调小空间存在的目的，根据空间的性质和特点来进行设计。（图3-62）

（2）穿插式空间

穿插式空间是由两个部分相互重叠、咬合成一个公共空间区域的空间组成，当两种空间以这种方式贯穿在一起时，它们各自仍保持了空间的完整性。这种穿插式空间可形成三种情况：第一种是两个空间穿插部分，可为各自空间共同使用；第二种是穿插部分与其中一个空间合并，成为它整体空间的一部分；第三种是穿插部分自成一体，成为原来两个空间的连接空间。（图3-63）

（3）并列式空间

两个空间并列是空间关系中最常见的形式。并列式适用于单一空间的功能、大小较雷同的建筑。两个空间可以彼此完全分开，也可以具有一定程度的连续性，这要取决于既将它们分开又把它们联系在一起的面的特点。（图3-64）

（4）过渡式空间

过渡式空间是指由第三个过渡空间来连接相距一定距离的两个空间。这种过渡式空间一般起着过渡、连接的作用，但是如果过渡空间足够大，它也可能成为主导性空间，如中庭。（图3-65）

2. 空间组合

建筑空间组合方式可根据空间性质、体量大小、功能要求、交通路线等因素分为集中式组合、线型组合、辐射式组合、组团式组合、网格式组合和流动式组合。

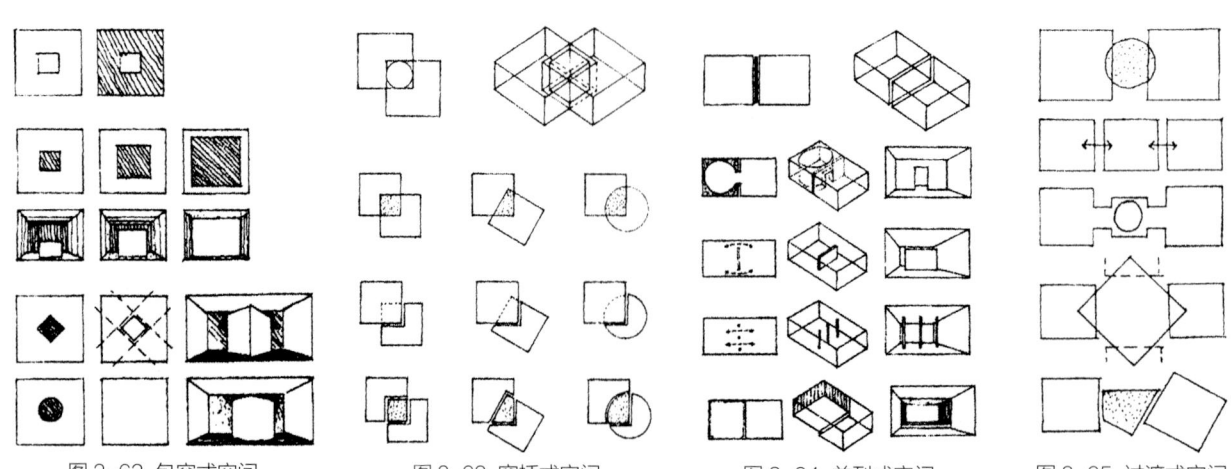

图3-62 包容式空间　　　　图3-63 穿插式空间　　　　图3-64 并列式空间　　　　图3-65 过渡式空间

（1）集中式组合

集中式组合的空间形式主要由一个占主导地位的中心空间和其他次要空间构成。一般情况下，占主导地位的中心空间必须要保证足够的面积，才能将其他次要空间集聚在一起，形成围绕式的空间形式，这种组合方式是一种极具稳定性的向心式构图。（图3-66）

（2）线型组合

空间的线型组合是将功能性质或空间体量相同、相近的空间按照线型的方式排列。各空间采用串联的形式使之具有一定的长度、方向，具有运动、增长的特性。（图3-67）

（3）辐射式组合

辐射式组合综合了集中式组合和线型组合的特点，它由一个中间主导空间和一些向外辐射的线型空间构成。其特点是向外辐射的线型可以根据空间环境的特征相同或者不同。（图3-68）

（4）组团式组合

组团式组合通过紧密的连接使各个空间之间相互联系，这种组合方式的各个空间没有主次之分，可大可小。（图3-69）

（5）网格式组合

网格式组合是所有空间根据三维网格来确定其位置和相互关系。网格可采用规则性的形式，如方形、三角形或六边形，也可采用变形的网格，以增加空间的灵活多变性。（图3-70）

（6）流动式组合

流动式组合是将两空间交接部分的限定降到最低，直到取消这部分的限定。其特点是由于各空间相互穿插，空间限定模糊，各空间之间既分又合，具有动态的"流动"特征。

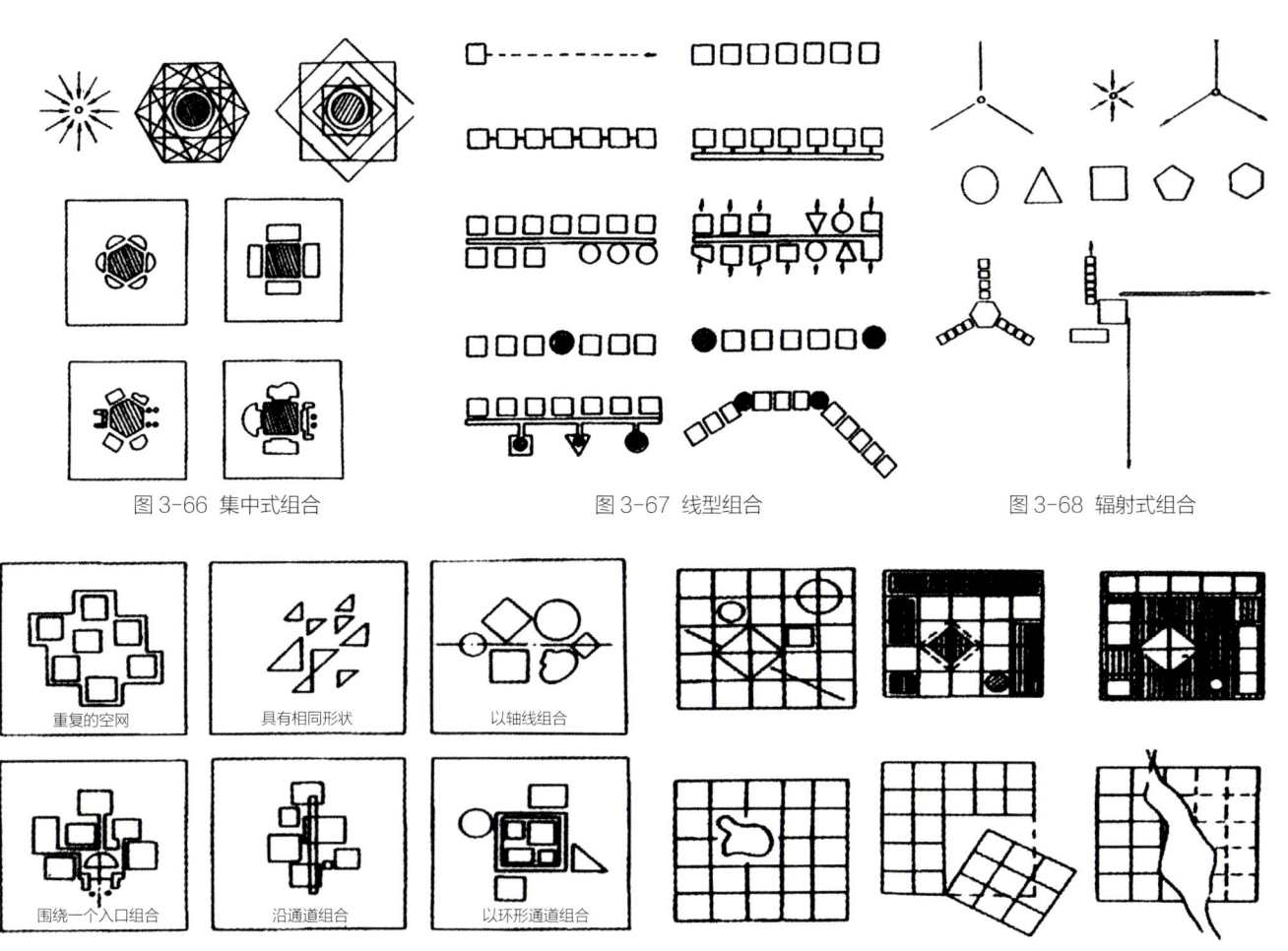

图 3-66 集中式组合　　　图 3-67 线型组合　　　图 3-68 辐射式组合

图 3-69 组团式组合　　　图 3-70 网格式组合

三、单元教学导引

目标　通过学习别墅空间中平面功能设计的原则、功能空间的组合关系、空间动线设计、各个功能空间设计及空间构成设计，让学生对别墅空间中的室内设计有整体认识，能够把握空间设计的技巧、方法和原则，独立完成别墅空间室内设计。

重点　别墅空间中平面功能的设计、空间动线的设计、各个功能空间设计、空间构成设计都是极其重要的，且别墅空间中每个功能空间都有其设计原则和特点，需要对每一个空间仔细推敲，真正做到人性化设计。

难点　掌握别墅空间设计的平面功能设计和各个功能空间设计。

小结要点　本单元共分为两个部分，两个部分相互联系又独立存在，在教学过程中，需要强调每个空间的重要性，且在作业指导过程中强化学生实际设计的能力，启发思维，培养学生对设计细节的推敲和研究。

为学生提供的思考题

1. 在别墅空间中平面功能设计的原则有哪些？
2. 举例说明常用人体尺度、家具尺度在别墅空间中怎样选用？
3. 别墅空间中厨房设计有哪些特点？

学生课余时间的练习题

1. 在同一个别墅空间里完成5~6个平面布局的方案。
2. 总结别墅空间中公共活动空间、私密性空间及服务性空间中家具、人的通行空间、活动空间的尺寸关系。

作业命题

根据本单元教学内容及任课教师讲授后自己的理解，对某一别墅空间进行室内设计。

作业命题的缘由

由于本单元教学以理论讲解别墅室内空间设计为主，而书本上的理论与设计实践有一定差距，因此，本单元的作业练习，可以让学生通过设计实践，使知识从理论阶段进入运用阶段。

命题作业的具体要求

1. 设计说明1份（不少于100字）。
2. 完整的平面布置图、天棚布置图及地面铺装图。
3. 主要的立面图、剖面图。
4. 符合室内设计制图规范，交手绘图纸或打印图纸一份，用A3图纸装订成册。

为学生提供的本教学单元参考书目

施徐华，杨凯，王鸿燕. 艺墅——经典别墅设计[M]. 武汉：华中科技大学出版社，2011年.

来增祥，陆震纬. 室内设计原理[M]. 北京：中国建筑工业出版社，2006年.

刘盛璜. 人体工程学与室内设计[M]. 北京：中国建筑工业出版社，2004年.

增田奏. 住宅设计解剖书[M]. 赵可，译. 海口：南海出版公司，2018年.

第四教学单元

基于协调的别墅庭院景观设计

一、庭院景观空间设计

二、庭院景观风格

三、庭院景观要素设计

四、单元教学导引

庭院景观作为别墅外部环境的主角，广泛而深刻地影响着居住环境，华夏几千年来，数不胜数的诗词诞生于庭院之中，反复吟诵着庭院。在别墅空间中，庭院环境不仅是业主私享的珍贵户外空间，还是外部公共空间与私密室内环境之间过渡和连接的桥梁。因此，在别墅庭院设计中，应充分协调建筑与环境、室内与环境、人与自然的关系。一个成功的庭院设计必然是与场地和环境相互协调，符合业主需求的。

一、庭院景观空间设计

别墅中庭院所占面积有限，但这方寸之地独具耐人寻味之意，拥有一座完全属于自己的能与自然共生的庭院，在当代集约型发展的城市模式中，显得弥足珍贵。可以说正是因为一个小庭院的存在而使别墅在住宅类市场中深受喜爱并长期保持着热度。庭院景观空间设计主要包括植物绿化、景观构筑、山水造景、设施小品等内容。

（一）庭院景观功能定位

庭院可以集设计、工程、构造、材料、自然、园艺、游憩和农作等功能于一身，在设计时对功能的定位应充分结合场地特征和业主要求来组合，良好的功能决定了空间在使用中的合理性和舒适性。庭院景观功能的定位针对性极强，必须结合别墅本身的场地特征，参照别墅建筑的风格特点，建筑入口与庭院入口，建筑门窗的位置和类型，室内的功能布局，与社区公共空间的关系等，找到功能分区的最优答案。

同时，业主的家庭成员构成、个人兴趣爱好和生活习惯等对于庭院概念与主题的定位，以及功能的选定有决定性的影响力。这就需要在前期调研分析阶段，和业主详尽交流，需要考量的主要问题如下。

1. 是否需要保留露天停车位？
2. 是否需要茶室、亭廊等景观构筑物？
3. 是否需要设置水景？动态或静态？
4. 是否需要户外用餐或烧烤空间？
5. 是否需要游泳池及其尺度大小？
6. 是否需要儿童玩耍区？玩耍设施如何选择？
7. 是否有宠物？如何在庭院中安置？
8. 植物景观种类有多少？是否需要设计农作物种植区及其规模大小？

（二）庭院景观空间布局

庭院整体规模较小，因此各功能分区之间不一定能严格划分，它们之间保持着一种交错渗透的关系。但是，在配置各功能区时必须遵循当地的气候、日照、风向等自然条件，合理处理好与建筑过渡的灰空间。在空间层次上要注意动静空间的分配，私密、半私密、半公共空间的协调。由于别墅庭院本身已是私密性的个人空间，完全公共的空间是不存在的。但在布局中依然需要考量入口区、休闲区、绿化区及其他功能区，它们所针对的使用者不同所呈现的特征也不同。例如，在三世同堂的家庭中，庭院空间既要满足小孩安全有趣的玩耍需求，也要满足老人舒适的休憩需求，同时还有满足业主独特的个人生活方式需求。尽可能使每个空间有一定独立感，又具有较强的家庭凝聚力，并能预留一定的多功能空间以保证使用功能的可调整性。

二、庭院景观风格

首先，庭院景观风格要尽量与别墅建筑风格和室内装饰风格协调统一，同时要吸收别墅所在地区的自然和人文文化特色，还需体现出业主的个人风格和品位。风格是居住环境的设计灵魂，随着我国别墅设计领域的不断发展，人们对于庭院风格的要求越来越高，同时各风格之间也有交融发展。本书主要介绍几种当前较为流行的庭院风格。

（一）中式庭院

中式风格是基于中华民族文化几千年发展所延续下来的本土风格，是最具有生长根基的一种风格。中式风格本身又可因时期和民族的不同而分为多种样式，主要有三个支流：北方四合院庭院、江南写意山水园林和岭南园林。在当下，更常用的是根据时代不同而形成的传统中式风格和新中式风格。

传统中式风格中庭院景观的相关要素，如亭台楼阁、山石叠水、乔灌花木等都源自中国古典园林的特征：本于自然，高于自然；建筑美与自然美的融糅；诗画的情趣；意境的含蕴。形式上注重规整和虚实的结合，强调移步换景、步移景异的空间节奏，继承了中国传统符号装饰，色调以青灰、棕色或粉白等色彩为主，追求古色古香的氛围。当然传统中式风格中对于木结构和木装饰的依赖逐渐被新的建筑材料所替代。（图4-1）

近年来兴起了一种比较多元化的现代中式亦称为新中式风格，通过吸取传统装饰的"形与神"，高度提炼传统中国建筑装饰元素，运用现代的手法和材料，带有折中主义特征的混搭风

图 4-1 传统中式风格庭院

图 4-2 新中式风格庭院

图 4-3 富有禅意的日式风格庭院

格样式作为辅助，来塑造中国文化环境。新中式风格很好地打破了传统中式的古典、威严、略显枯燥及厚重的年龄感，融合了更加让年轻人接受和喜爱的特征，更加适用于进深和开间都较窄的现代室内空间，而且大量地运用现代工业材料也在一定程度上降低了新中式风格的造价。（图 4-2）

（二）日式庭院

日式风格是日本文明与中国汉唐文明相结合的产物。日式庭院无论从规模、样式还是材料的选择都注重精巧、讲究实用。日式风格中的指导思想是禅宗，讲求以一方庭院景观，而容万千景象，这种形式特点中最具代表的就是大家耳熟能详的枯山水。植物设计在日式风格中也有独到的特征，庭院植物造景看似自然，但无论是布置形式还是修建形态，都体现出了经过精心刻意塑造的特点。例如，特意将草种植在石缝中、山石边，突显自然生命力的美；树经过严格挑选和修剪，置于园中，如同雕塑一般；石材的选择更是从细微处造型和布置，凝练为精神的象征。人工环境烘托出浓缩的自然体验，是日式风格景观的一大特征。（图 4-3）

（三）欧式庭院

当前所提及的欧式风格，主要涵盖巴洛克风格、古典主义和新古典主义风格、文艺复兴风格等。按照其文化分支划分，具有代表性的有法式风格、英式风格、意式风格、地中海风格等，这些风格通常表现在拱券、柱式、铁艺线条、古典雕塑、植物等元素上。

法式风格主要是指文艺复兴时期之后，融合了古典主义和巴洛克风格的法国规则式庭院风格。最突出的代表是 17 世纪法国勒诺特尔式造园风格，以凡尔赛宫花园最为典型。法式风格是古典欧式风格的重要分支，继承了意大利台地园、荷兰式规则园和本土法式水景园的特点，突出空间轴线，注重对自然的人工干预，注重比例和主从关系，讲求布局的对称和规整、植物的几何式修建、水景的节奏作用和细节的精致华美。法式风格适合于规模较大的空间尺度，因此一般的别墅庭院中，受条件所限无法真正传承法式庭院的空间轴线。（图 4-4）

英式风格庭院主要借鉴英式自然风景园，一种富有诗意的田园牧歌式园林样式。英式自然园提倡自然化、不规则的庭院风格，无论是景观植物的搭配还是材料的选用，都强调轻松随意的自然有机之感，处理方式较为自由。植栽多选择繁盛的绿叶植物、花卉和季节性草本科植物，如蔷薇、雏菊等。庭院的道路曲直多变，景观造型错落有致，以趣味小品雕像散布在各处。由于受到中国古典园林的影响，英式庭院非常重视在有限空间中创造多种视觉体验，强调空间透视感。在别墅庭院中英式风格最易于借鉴的手法是花

图4-4 注重轴线的法式风格庭院

境的营造，通过大量的植物造景搭配适量小品装饰，体现出古典高雅的英伦风。从每年举办的切尔西花展中可以获得很多关于英式花园设计的灵感创意。（图4-5）

意式风格主要体现为古罗马风格、文艺复兴风格和托斯卡纳风格。其中托斯卡纳风格因其灵感源自大自然，带着古典乡村风格的特征，粗犷质朴的用材，温暖浓烈的用色，如破碎的石砌墙、暖红的赤陶瓦、淡黄色灰泥墙等，深受大众喜爱，是别墅庭院设计中运用较多的一种风格元素。（图4-6）

（四）美式庭院

美式风格最常见的有两个分支，北美乡村风格（图4-7）和南美风格（图4-8）。美国主流文化来自欧洲移民，在独立之前，建筑和室内设计大多采用欧洲样式，尤其受到英式风格的影响。这些由不同国家殖民地者所建造的房屋样式被称为"殖民地时期风格"，也就是美国乡村风格的前身。二战以后，包豪斯现代主义设计转移至美国，在庭院景观设计中，美式风格逐渐形成，尤其是北美乡村风格更是别墅设计中备受青睐的一种样式，既带有温馨的田园乡村特征，又具有西部牛仔粗犷的特点。南美风格则以浓烈的色彩和茂盛的植物搭配为主，建筑师巴拉干的作品是典型代表。南美风格中的色彩、光感、植物等要素对气候的要求比较高，在我国大部分的地区，日照强度和时长无法支撑其较好的表现，因此南美风格在我国别墅庭院设计中较为小众。

图4-5 重视花草搭配的英式庭院

图4-6 意式风格庭院

（五）东南亚风格

东南亚风格是亚洲热带地区的多个国家民族风格的集大成者，依托于东南亚旅游业的发达以及度假酒店的发展而被大家广为认识。整体风格注重空间变化的丰富，装饰配色饱满厚重，植物种类丰富而茂密，穿插特色水景，景观小品精致生动，因气候炎热紫外线强，户外多用廊、亭等体量较大的构筑物。景观营造使用木雕、金箔、瓷器、彩色玻璃、珍珠等镶嵌装饰，同时，宗教题材的雕塑和构筑等也为庭院景观带来一种极具民族特征的视觉效果。（图4-9）

图4-7 北美乡村风格

图4-8 南美风格　　　　　　　　　　　　　　　　　图4-9 具有热带风情的东南亚风格

图4-10 现代风格庭院

（六）现代风格

现代风格是居住空间设计中的主导风格，它起源于现代主义运动设计。现代风格具有极强的视觉感，相对于其他风格来说，其特征主要有：开敞的空间、简洁的造型、中性的色调、纯粹的材料。现代风格无论形式、材料还是设施小品，都体现出精简、朴素、实用的景观效果，强调庭院的实用功能，舍弃了不必要的复杂装饰元素，当然其包容性也是最强的一种。随着时代的发展，现代风格与其他的一些风格相交融，形成了多种多样的混搭类风格。（图4-10）

三、庭院景观要素设计

在景观设计中，无论场地大小，所有的使用功能、特色风格等都需要通过一定的物质载体来表现，这些载体就是构成景观的要素。景观各要素之间本是独立的个体，经过设计师的创造而成为一个有机联系的景观系统，从而营造出特有的场所精神。别墅中的庭院能带给人闲情逸致的感受，是生活放松的优质空间，其中景观要素的精心设计和合理搭配，是别墅景观设计成功的关键。在庭院这样一个小巧的空间当中，景观要素的选择、组合和设置应更加注重细节，充分考虑业主喜好的视觉效果和心理感受。传统花卉、艺术水景、种植器皿、规则的刺绣花坛、古典的建筑小品或令人心旷神怡的花园雕塑。对业主而言哪一个更有意义？且一看就知道这是业主的庭院。营造功能合理的家的户外部分，是真实反映业主心境和情怀的场所，可大大提升园林的观赏形象和品质。

景观要素的种类丰富，复杂而多变，涵盖了地形、气候、道路、植物、小品、水、构筑物等。这些要素在环境中承担着不同的功能任务，也都有各自的设计手法和原则。古人云"麻雀虽小五脏俱全"，庭院空间虽然有限，但所涵盖的景观要素是丰富多变的。庭院景观环境中最主要的构成要素可归纳为四类：铺装设计、植物设计、水景设计、小品与设施设计。

（一）铺装设计

地面是景观环境中最重要的一个界面，地面的覆盖材料以水、植被和铺装材料为主，软硬材料相辅相成。铺装设计指运用硬质的自然或人工的铺地材料重塑地面，塑造交通流线和节点空间以满足设计的功能要求和审美需求。由于别墅庭院完全为私人所有，所以设计中不用特别考虑绿化率和容积率等问题，在铺装设计上对面积比例和材料使用几乎没有特殊限制，也不需要特别明确道路和节点的关系，主要取决于业主的生活需求。当然庭院铺装必然首先满足安全性原则、实用性原则，以及艺术风格的统一。

1. 铺装材料

常用的庭院铺装材料主要有：砖石、沙石、木材、塑性材料（混凝土、沥青等）。铺装材料作为地面的表层材料，具有稳定、耐磨、防滑、抗压、防腐蚀等特点，因此在庭院铺装材料的选择上要注重持久性的要求。铺装地面比植被地面更易维护，造价及维护成本从长远来看更低廉，能承担的功能更为丰富，与植被地表相较而言对光线的反射力更强，且散发的热量更大，当然由于材料不同这些参数亦有区别。在决定铺装地面面积和材料时，还可参考当地气候及日照情况，结合业主的庭院使用需求来增减比例。同时，铺装材料的选用与别墅整体风格应相协调，无论是形式、色彩和质感都能从细节中烘托出环境的风格特点。（图4-11）

常见的庭院砖有：透水砖、陶土砖、青砖、文化砖、仿古砖等。

石材：根据形态可分为石板、条石、卵石、砾石。按其性质可分为花岗石、大理石、青石、人造石材等。

木材：庭院中最主要的木材是防腐木，防腐木因为经过特殊的处理，能较好地满足室外的风吹日晒的影响，同时给人亲近自然的感觉，是非常受欢迎的庭院景观材料。防腐木根据木料的产地、质地和规格等不同具有多种类型，价格差异较大。

沙石的运用更多的是作为铺装造景，营造出各种风格的庭院环境，塑性材料在别墅庭院中运用较少。

图4-11 铺装材料

图4-12 铺装界定出空间使用功能　　　　　　　　　　图4-13 艺术铺装

2. 铺装的方式和作用

铺装主要有功能作用和艺术作用。功能作用在别墅庭院中主要是使空间使用的频率提高并保持较长时间，使业主在庭院中的活动不受季节和天气变化的影响，保证通行和停留的舒适度和安全性，同时，精心考虑铺装面积和材质变化能暗示空间使用特性，为业主的生活提供便捷。（图4-12）

另外，铺装可以影响到空间比例尺度，比如同一面积和形状中大块石材拼装比小块石材的拼装空间看起来面积更小，而小块石材会使空间看起来更宽阔一些。庭院设计中，如果本身面积较小，却希望营造出更为宽阔的视觉效果，那选用小块材料的拼装方式能较好地调节视觉空间感。

铺装的艺术作用可延伸到多个方面。庭院铺装本身就具备一定的观赏性价值，同时也是建筑、雕塑小品、盆栽植物等景观焦点的背景。铺装材料的尺寸、色调、质感、肌理等要素具有极强的文化性特点，基于上千年的积累，各种文化背景下各种独立的铺装艺术体系，例如人字纹或席纹青砖体现出典型中式风格，而粗粝褐红色的仿古砖则具有强化地中海或加州风格等功能。同种材料铺装的方式发生变化其空间个性也会发生变化。铺装的方式种类很多，有普通铺装和花式铺装、有规律的铺装和随意性铺装。在进行铺装设计时要呼应环境的整体风格，同时通过材料及图案的变化来区分和强调各空间的独特个性，为业主提供丰富的个体感知体验，例如宁静感、热闹感、细腻感、粗犷感、乡村感等。（图4-13）

（二）植物设计

自古以来，人类对植物有天生的偏爱。植物为人提供了丰富多样的食物和工具，以及大量的氧气和营养物质，塑造了人类适宜的生存环境，以绿色为伴是多数人毕生追求的理想栖居，植物是景观设计中生态意义和美学意义体现得最均衡的要素。别墅庭院作为人充分融入自然和感受自然的空间，植物在其中的角色可谓举足轻重。先人们对于居住环境中植物的重视可在诗词中寻得大量证据，苏东坡感叹"宁可食无肉，不可居无竹"；陶渊明享受"采菊东篱下，悠然见南山"。

曹雪芹在红楼梦中描绘大观园景致大量着墨于植物刻画，并借由植物塑造人物形象，如描写潇湘馆"忽抬头看见前面一带粉垣，里面数楹修舍，有千百竿翠竹遮映。……出去则是后院，有大株梨花兼着芭蕉。"

植物能给人的生活带来无尽的情趣，植物的形、态、色、质、味，以及根、枝、叶、花、果都能使人陶醉于自然之中，亦能借物咏志体现居所主人的个性、节操、理想等。城市生活节奏快、压力大，当代人时常经历身心疲惫的生活和工作状态，一个花繁草香、林木茂盛的庭院环境能从视觉、听觉、触觉、嗅觉等感

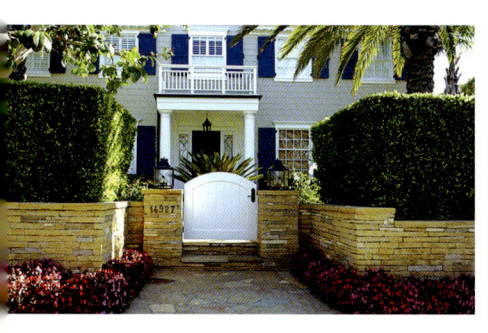

图 4-14 规则式绿篱

图 4-15 草坪的造景方式

官体验中缓解人紧张的情绪，提升家的生活品质。植物生态化和艺术化的有机组合是庭院景观成功营造的关键。

1. 庭院植物的作用

别墅庭院植物设计中景观植物的选择面较广，除了对人体有害的种类外，地被、乔木类、观花观叶类、常绿或落叶类等皆可栽植。庭院植物能在空间中发挥建造功能、环境功能及观赏功能。建造功能主要是通过限制空间、障景、引导视线等参与空间构成和组织，同时柔化建筑较生硬的形象，增添情趣。环境功能主要是影响空气质量，调节小气候，有的特殊植物能驱逐蚊虫。植物的观赏功能主要是指利用植物的大小、形态、色彩、季相等特征造景，或者使植物成为庭院中景观小品的衬托背景，这些都是观赏功能的运用。有的植物本身具备一定的象征意义，例如梅、兰、竹、菊就是中国文化中的"四君子"，有陶冶情操之用。同时，别墅庭院中还可选用农作物或蔬菜瓜果，以满足人回归土地，享受栽种、收获、品尝等乐趣的互动需求。

2. 庭院植物的表现形式

绿篱：乔木或灌木密植形成，庭院中主要作为隔离屏障、衬托背景或修剪造景，可遮蔽不美观景物、阻挡噪音、引导视线等。绿篱按照高度可分为矮篱、中篱、高篱；按照修剪方式又可分为规则式和自然式。（图4-14）

草坪：形成水平绿化，实现铺装与绿地之间的过渡，增强植物组合的整体感，提升视线的通透，烘托建筑和构筑的细节。草坪经过精心修剪之后，能提供人可进入玩耍休憩的软质环境。常用的草

图 4-16 攀缘植物在庭院中的多种运用方式　　　　图 4-17 盆栽能成为空间中的焦点

坪植物有结缕草、地毯草、野牛草等，多以混播的方式出现。（图 4-15）

攀缘植物：攀缘植物与景观构筑相结合营造出一种植物人工景观。攀缘植物能丰富空间层次，柔化别墅建筑的坚硬感，弥补空间层次，形式丰富多样，在庭院设计中非常实用。例如，攀缘植物与花架相结合，可利用花架的形状变化改善庭院的形态，为业主提供夏日遮阴的休闲场所。庭院中常用攀缘植物有牵牛、紫藤、葡萄、常春藤、凌霄、三角梅、月季、铁线莲等。（图 4-16）

盆栽：是居住空间中最常见的绿化方式，在容器中栽植不同类型的观赏植物，可搬动、堆砌、组合进行多样化的造景。盆栽在庭院中主要起到点缀的作用，同时其可移动性也增加了环境的多变特点，盆栽的样式与别墅整体风格样式有极强的关联，也可视为庭院中的雕塑和造景小品。（图 4-17）

高大乔木：庭院中栽种高大乔木能协调院落与建筑的体量关系，提升小环境中的空气质量。选种时应考虑地下层对承重的限制，同时避免过于靠近建筑门窗，邻近建筑的乔木应尽量选择落叶树种，保证建筑和庭院在冬季获得更多的日照，而在夏季较热的地区，可在庭院西边种植，能遮蔽烈日带来阴凉，调节小气候。

3. 庭院植物的种类选择

别墅庭院可选植物种类繁多，针对不同的形态、大小、生长习性、对环境的要求和效应等，设计中将植物种类按照景观效果概括为以下四种。

观形植物：重点是表现植物的形态美，尤以盆景类植物较为突出，例如松柏、榕树、乌柿、铁树、翠竹、梅花等，这类植物适宜设置一定的背景，衬托形态，方便观赏。

观叶植物：一般为不开花的常绿植物和色叶植物，其枝叶本身就具有较高的观赏价值。主要有棕榈、蒲葵、橡皮树、冬青、银杏、鸡爪槭、铁线蕨、龟背竹、花叶良姜、一品红、竹芋、矾根、狐尾草、狼尾草等。（图 4-18）

观花植物：世人皆爱花，观花植物是庭院中为四季添彩着色的重要一笔。在选择观花植物时应尽量做到四季有花，花色丰富，可适当增加有芳香的种类。当然观花植物种植要求通常较高，需要保证阳光充足，定期施肥杀虫，需耗费更多精力来养护。例如玉兰、腊梅、海棠、碧桃、樱花、紫薇、三角梅、黄桷兰、紫藤、月季、玫瑰、茉莉、栀子、杜鹃、木槿、蓝雪花、山茶、菊花、绣球，以及各种球根和草本一年生或多年生花卉等。（图 4-19）

观果植物：观果植物与观花植物的种类有较多重叠，有些果实能食用，有些适宜观赏，在庭院中还可选择蔬果作为景观植物。如金橘、石榴、枇杷、佛手柑、葡萄、樱桃、观赏南瓜、西红柿等。（图 4-20）

第四教学单元
基于协调的别墅庭院景观设计

81

4. 庭院植物设计的原则

因地制宜原则： 植物作为有机体，需要适宜生长的生态环境。尽管庭院绿化面积较小，但仍是一个完整的生态小系统，植物生长对景观效果有直接影响。可尽量选择乡土树种，一方面易于生长和维护，另一方面乡土植物所营造的风景也能体现地域文化。

满足美学原则： 植物景观的形式美、空间美、色彩美和意境美对于别墅整体品质的提升有极大的作用。因此，要强调植物多样性的配置，将室内外植物景观系统化整体打造，烘托具有延伸感的室内外景色，实现四季有景可赏的目标。植物的色彩、形态与其他要素搭配在一起对别墅整体风格亦有重要影响，例如，中式风格的庭院中栽种翠竹芭蕉，能形成浓厚文人气息，而同样的翠竹芭蕉放在美式乡村风格的别墅中，则会显得格格不入。

易于养护的原则： 私家庭院一般由业主自己管理和维护。因此对于大部分的别墅庭院项目来说，植物养护难度过高会造

图 4-18 庭院中的观叶植物运用

图 4-19 花卉在庭院景观中的重要作用

图 4-20 观果植物能增添空间互动趣味

成业主的困扰。因此设计时一定要考虑到易于后期养护，以节约成本。

实用效益原则：庭院植物除了满足观赏需求外，还要创造出更多的使用价值。近年来，可食地景非常流行，这种可看、可食、可种、可采的种植设计非常适宜庭院景观。通过种植、耕作等劳动的过程可增添生活的愉悦感，重拾人类几千年来春播秋收农耕文化所带来的成就感，提升儿童对自然的兴趣和科教受益，促进人与自然的深入互动。

（三）水景设计

水是使环境具有活力与灵气的关键。水的形、态、声、势、意、韵能丰富空间环境，给人无限的遐想与美的感受。朱文公的"半亩方塘一鉴开，天光云影共徘徊"描写了水面折射与反射带来的不同意境；而杨万里的"泉眼无声惜细流，树阴照水爱晴柔"则描绘了一幅生机盎然的泉涌与树影相互衬托的温馨景色。庭院水景尺度普遍较小，需充分与建筑、雕塑、植物等要素有机组合，利用水的流动性、静止性、可塑性等与众不同的特点，创造出蕴含诗意、画意的生命力景观。

1. 水景在庭院景观中的作用

点景作用：精彩的水景通常是整体环境中的视觉焦点。不需过于追求规模，一个小喷泉、一座水池，或者种植着睡莲的花盆都能实现水景的点景作用。如日式庭院中最常见的蹲踞和惊鹿，本是仪式的一种工具，后来成了庭院水景小品的一种，展现出空间的禅意。（图4-21）

配景和纽带作用：水静成面，动而成线，合理布局水景观，能丰富空间的层次。水的倒影可以扩大景面，与天空建筑交相辉映，产生虚实对比。在拥挤的环境中增加静水面能烘托建筑、植物和小品，如同室内空间通过镜面以获得更开敞的空间感一般，水在庭院中能达到相同的效果。流动的溪水则能联系和贯通，或者区分不同特点的空间，动态的水带也能增加景观的生动活泼。（图4-22）

生态作用：水的比热容较大，在调节小环境气温上的功效较好，增加空气湿度。水环境能为各种微生物提供生存环境圈，提升别墅环境的生态质量，有助于人们身心的健康。当然生态作用的提升必然会带来一定的蚊虫问题，这是庭院中选择水景不可避免的情况。

图4-21 精彩的水景形成庭院视觉焦点

图 4-22 利用水面营造良好的建筑和庭院氛围

2. 水景的主要形式

庭院水景可分为人工化水景和仿自然式水景。为了适宜庭院普遍狭小的空间，水景主要以较为紧凑的形式出现。例如用水池、水渠、水缸、喷泉、喷雾、叠水、瀑布、荷塘、植物绿化配景、动物养殖配景，以及搭配相关的景观设施等，或者与动植物结合起来。不同形式的选择标准应该与别墅整体定位相协调，满足业主对功能和自我精神的需求。（图 4-23）

3. 庭院水景的设计原则

首先要保证人在生活中和亲水玩耍时的安全，尤其是有老人和小孩的家庭，坚决防止单纯为趣味、美观而造成悲剧。其次，要根据整体设计的需要，采取灵活多样的水景表现方式，满足不同家人的心理和审美需求。营造人工水景时，尽量发挥水的特性，重在体现意境并激发人心灵的共鸣。可模仿自然之水，配置动植物以建立生态循环的小系统。注意保持水量和水质以保证环境的生态可持续性。

（四）小品与设施设计

庭院景观中相关的小品与设施主要有：业主收藏的艺术品、纪念品、景观灯具、造景的小品、座椅、门窗、桥等，以及趣味休闲的设施，如烧烤台、秋千、吊床、健身设施等，另外条件允许的情况下，还可增加一些户外陈设软装，使环境更加温馨舒适。

任何一种小品或庭院设施，都被视为景观环境中的家具，因此，在选择小品时要充分遵循整体的设计风格和原则。一方面要考虑相关的功能要求；另一方面要能体现业主的审美水平和独特个性，唤起业主的想象、体验、回忆和价值等情感因素，增强环境的归属感，使庭院环境本身成为一件整体的艺术品，起到画龙点睛的效果。（图 4-24）

图 4-23 水景形式能烘托不同的庭院氛围

图 4-24 庭院中的特色景观小品

四、单元教学导引

- **目标** 通过本单元学习，了解别墅庭院景观设计的相关要素及设计手法，把握庭院景观风格，理解庭院空间之于别墅的作用和意义。

- **重点** 掌握庭院景观空间设计各要素的协调组织及庭院在别墅空间设计中的地位。

- **难点** 把握庭院景观空间的人性化设计。

> **小结要点** 本单元内容主要涉及景观设计中的专项项目，庭院设计作为别墅空间中珍贵的户外环境，营造一个协调舒适的景观有利于提升别墅的使用价值，满足业主亲近自然的居住理想。应采用多媒体教学的方式，图文并茂，通过案例分析和作业练习等方式巩固知识。

为学生提供的思考题

1. 别墅庭院景观的主要设计要素有哪些？
2. 别墅庭院景观的风格主要有哪些？
3. 别墅庭院景观定位需考虑哪些问题？
4. 别墅庭院植物设计的种类和形式有哪些？
5. 别墅庭院景观中水景的作用有哪些？

学生课余时间的练习题

1. 收集庭院植物设计的优秀案例，并总结归纳出优秀的庭院植物设计方法。
2. 设计一个庭院景观小品。

作业命题

1. 选择某一特定别墅进行庭院景观方案定位和策划，并完成整体方案创意。
2. 完成庭院植物搭配专项设计。

作业命题的缘由

通过对实际案例的设计，能更深刻地理解并掌握别墅庭院景观环境的营造方式及原则。为实际项目操作和应用打下基础。

命题作业的具体要求

1. 掌握调研场地和调查业主的方法，考查实际别墅项目并完成前期调研分析报告。
2. 设计风格应与别墅建筑及室内一致。
3. 布局合理，功能设置应符合别墅整体空间塑造要求。
4. 以文本方式完成作业，手绘与电脑制图皆可。

为学生提供的本教学单元参考书目

诺曼，K. 布思. 风景园林设计要素 [M]. 曹礼昆，曹德鲲，译. 北京：中国林业出版社，1989 年.

凤凰空间·华南编辑部. 别墅庭院规划与设计 [M]. 南京：江苏人民出版社，2012 年.

堀内正树，图解日本园林 [M]. 南京：江苏科学技术出版社，2018 年.

文健，赵晨，曾成茵. 住宅庭院设计（第 2 版）[M]. 北京：清华大学出版社，北京交通大学出版社，2019 年.

第五教学单元

基于实务的别墅设计方法与流程

一、前期调研

二、初步方案设计

三、详细设计和定稿

四、设计表达

五、单元教学导引

经过前面四个单元的学习，可以体会到别墅设计是一项非常系统而复杂的工程，需严格采用科学的方法，遵照合理的程序，经过多重工种的相互衔接合作才能将设计构思的创意真实地表现出来，为业主打造一个舒适温暖富有个性的家。在这个过程中，设计师需要学习和掌握非常多的实践知识、沟通技巧和表达能力等，并且要在项目中去磨炼去进步才能真正灵活运用。

一、前期调研

一个成功的设计作品，不是凭空想象出来的，需要坚实的基础作为支撑。这个基础就如同修建房屋的地基一般重要，在设计中前期调研就扮演着地基的角色，这几乎是所有设计项目都必经的一个阶段。在进行别墅设计时，前期调研的重点是处理业主需求和场地条件的相互关系，包括业主需求、场地测量与调研、分析与计划。

（一）业主需求

别墅环境是一个纯粹的私人空间，业主及家庭成员是这个家庭空间的基本使用者。因此，他们的需求和喜好是设计者最核心考虑的因素，直接决定了空间功能和风格定位。项目初期，设计师应该全面而深入地与业主相互沟通，这个过程可能会反复多次，不断交流碰撞，获得的信息将是后期设计策划和项目实施的珍贵依据。

首先，应明确在调研中需要与谁沟通？洽谈哪些内容？达到什么目的？这些问题都要事先拟订计划，并且视不同项目情况而调整。可依据业主和设计师的偏好，选择多样而随意的沟通方式，只要能完成沟通的目的和任务即可。然后，记录并总结业主和空间使用者的家庭结构（人数、年龄段），成员综合背景（教育背景、职业收入、信仰、性格特征、生活习惯、审美品位等）。家庭成员的组合决定了室内外空间的私密性、效率性、弹性使用等的设置。众所周知，不同的成长背景将深刻影响人的生活形态，而生活形态则会决定家庭生活中的活动类型。例如，有人热衷于呼朋唤友到家中聚会的闹热，有人享受着日常生活一成不变的平凡和宁静，有人相当重视保证户外活动的频率，有人喜好饲养动物、弄花种草等。不同的人，脱换鞋更衣的习惯不同；用餐和下厨的方式不同；工作与生活的关联度不同；起居和休闲的方式不同，这些不同点都是设计师在别墅设计中需要考量的。还有一个至关重要的因素，即业主对于整个设计的预算，设计成本对设计的定位和最终效果具有非常关键的作用。经验不足的设计师常常会忽略掉设计成本，而过于强调方案的理想效果，最终会造成设计成果与业主预期之间出现巨大落差，造成不可调和的矛盾。

（二）场地测量与调研

别墅设计的场地调研涵盖了区域大范围到别墅小环境的各方面，对社区、别墅附近、别墅建筑本体、室内空间及附属庭院空间都需要有针对性地研究。这个阶段，设计师应尽量进行实地考察，准确掌握设计对象的特征，通过测量、速写、文字、拍照、录像等手法进行记录。有些别墅项目针对旧空间改造或是空间实际尺寸与原设计图纸不完全相同，这时，设计就不能仅仅依靠原始资料，而需要设计师亲临现场借助测量仪或卷尺等工具进行重新勘察，对建筑的结构、布局、管线、设备等进行详细的测量定位。这些步骤能支撑设计师将有利的条件塑造为设计的亮点，将不利的因素在设计过程中合理规避。

场地调研的相关内容可分为三大部分：1. 整体大环境调研。包括住区建筑的朝向、周边自然环境或商业环境、有无噪音尘土污染、建筑出入口与道路的关系、车行道与停车场等。2. 别墅建筑外环境调研。包括建筑入口、建筑的形态风格、建筑色彩、建筑所用材料和结构方式、建筑门窗的位置和数量、与相邻建筑的关系、别墅庭院的面积和布局、庭院的形态、竖向标高等。3. 建筑内部空间调研。室内楼层数量、空间关系、门窗位置、交通流线、采光和通风等。这些环境条件都需要进行客观而详细的记录，为合理地制订设计计划做好充分准备。

（三）分析与计划

在对业主和场地进行客观了解之后，设计师应尽可能全面地整理所搜集到的信息，归纳出设计需要核心处理的几大部分。尤其是对于有利条件和不利条件的梳理，有助于设计团队对项目有一个总体的认识和把握。要最大可能细致地明确设计内容和双方责任，例如家具和陈设是外购还是现场制作、是定制还是购买成品等。基于以上内容，计算出设计的工作量和所需时间，制订相应的设计目标和进度，与业主沟通敲定最终意见，签订合同并完成项目计划书，准备开展下一步详细的设计工作。

二、初步方案设计

通过别墅设计的前期准备阶段，设计师掌握了项目的基本情况，继而进入初步方案设计阶段。在此阶段中，设计师应基本形成对别墅整体环境的设计构思，与业主探讨后确定空间的功能分区和布置，这是整个设计过程中的关键部分。由于别墅建筑一般都是已经修建好的成品，因此最主要的设计任务是依据别墅建筑空间的现状，对室内空间和庭院空间进行设计。

（一）设计立意构思

立意构思是设计师基于空间现状及业主要求所形成的初步想法，并通过与业主思想碰撞之后最终形成方案雏形。方案的立意构思将贯穿于整个设计过程并最终决定产品的实际效果。犹如分析文章时提炼的中心思想，似乎很抽象，但在空间中又是有迹可循的。好的立意能提高设计项目的实施效率，影响设计结果的功能效果和视觉效果；能在技术的支撑下让设计作品的表现更有张力，让空间更加耐读，给别墅环境注入灵魂；在向业主阐述项目目标时，精彩而动人的主题立意能尽快地说服业主接受设计方案。因此，依托于前期调研基础上的方案设计和构思在环环相扣的设计流程中具有极其核心的作用。尽管别墅设计的项目规模较小，设计的主题立

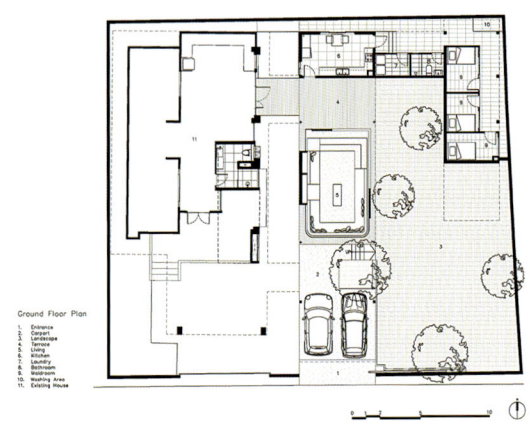

图 5-1 平面绘制

意仍是重中之重，每一次的设计都应该有一个打动人的主题，这是设计师与业主共同创意的结晶。

　　立意构思的出发点应遵循别墅是一个私密的居住空间这一原则，有效地实现业主对家的构想和憧憬，同时亦能准确表达设计师的创意，当然求新不可过度。构思过程是一个发散思维与创意表达共同作用的过程。画家用有限的画笔和颜料进行创作；诗人灵活运用文字的组合去表达思想和观点；摄影师通过熟练运用器材和经验技巧去捕捉美的瞬间；作为设计师，表达思维的方式则更加丰富多变，文字、图示、实体模型、电脑三维空间表现等都可以帮助构思的形成和表达。在整个立意构思过程中，从抽象思维到具象成果的实现是一个动脑、动手乃至于牵动所有感官协调工作的持续过程。

　　同时，设计师还可从书籍或互联网中搜集资料，进行案例的类比和对比，吸取优秀设计案例的精髓以结合自己的项目开展。也可充分运用较准确的意向图表达设计方向，切记要与业主保持良好的沟通。

（二）平面图的设计与绘制

　　构思阶段可能会产生很多的设计图稿，例如大量的功能布局泡泡图、剖面空间研究图、细部装饰的创意想法图等，这些资料不一定完整并合乎规范，但作为设计素材是很好的积累。在给业主展示设计的阶段性成果时，则需要有更正式的平面图纸。平面图能全面地体现出设计师对于空间使用功能的思考，是深入设计的必要条件。功能的定位、空间的格局、空间的流线、各分区的具体尺度都需要通过平面图来说明。

　　平面图必须依据一定的比例绘制，真实展现各空间的相互关系，反映出门窗布置、隔断墙的种类、地面高度、天棚和铺装、其他家具陈设和绿化等。平面图的符号表示应规范合理，例如墙体关系、定位轴线、楼梯、门窗、家具、设备、庭院植物与硬质铺装等。有了这样的平面图才能和业主准确沟通，并进入更细致的设计阶段。（图 5-1）

（三）相关要素的设计

　　虽然我们常常认为设计就是要追求天马行空的创意，但需要清醒地认识别墅设计是一项工程设计，而非纯粹的艺术创作，切实可行才是最终的追求。在别墅空间功能基本确定后，在考虑平面布置的同时，可依据设计的立意和构思，围绕既定的风格样式，对空间的三维界面同步考量，针对细部进行设计。尤其对别墅中一些重要空间的效果应在平面布局阶段进行预想，对其所涉及的色彩色调、造型样式、装饰材料、设备产品的选用，以及对工程造价的影响都要在此时提出来，实现以小见大的目的，主要依靠的手段是寻找相关案例及意向图表现，以直观地表达出设计目标和效果。

（四）客户交流和方案优化

在与业主的反复磋商中，平面图会经历数次的修改调整，有时微调有时甚至会推翻重来，这样的过程中常会产生不止一个方案。针对这些不同的方案，设计师与业主会从创意、成本、难度等方面进行对比，最终敲定一个双方均认可的方案进行下一步的深入。在方案的优化阶段，主要任务是解决设计在初步方案中所显现出来的缺点，并设法弥补，进一步提升和完善各空间的相互关系及节奏，确定空间造型、家居陈设、灯光照明、植物水景等效果的营造，各界面和家具的尺寸大小及材质选择。此时，平面图会有一定程度的调整，但要注意控制调整的规模，以免造成时间和精力的不必要的浪费。

三、详细设计和定稿

（一）立面的设计

立面设计主要是对那些在平面图中无法详细说明的空间结构和装饰造型进行补充表现。如图5-2立面设计会直接影响着创意的实现，是提交给业主的设计方案中很重要的部分。立面图主要目的在于针对空间断面特性，以突出显示空间或垂直结构方向的二维空间。通常来说，别墅空间中墙体的变化、墙面造型、天棚吊顶、门窗设置、灯带、固定家具等都需要在立面设计中进行详细而准确的表达。

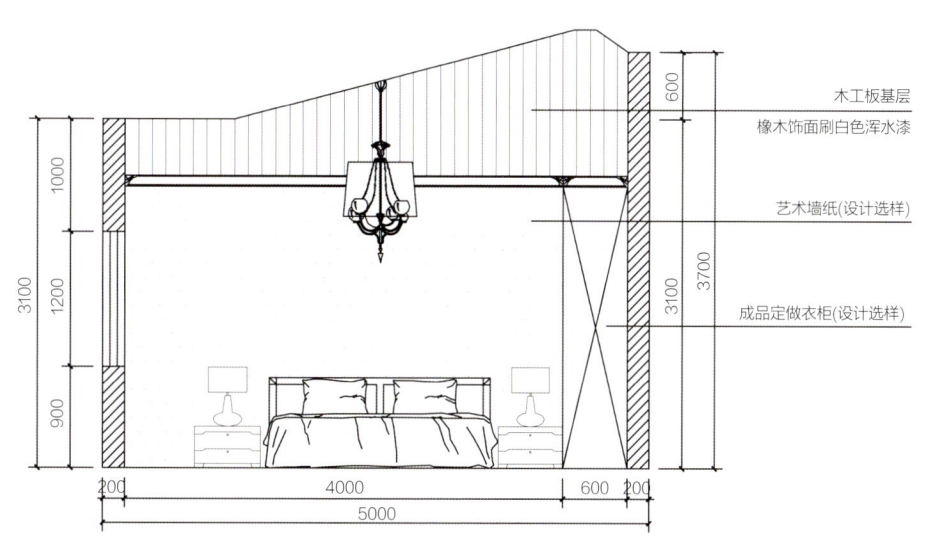

图5-2 展示特殊天棚结构的立面设计（单位：mm）

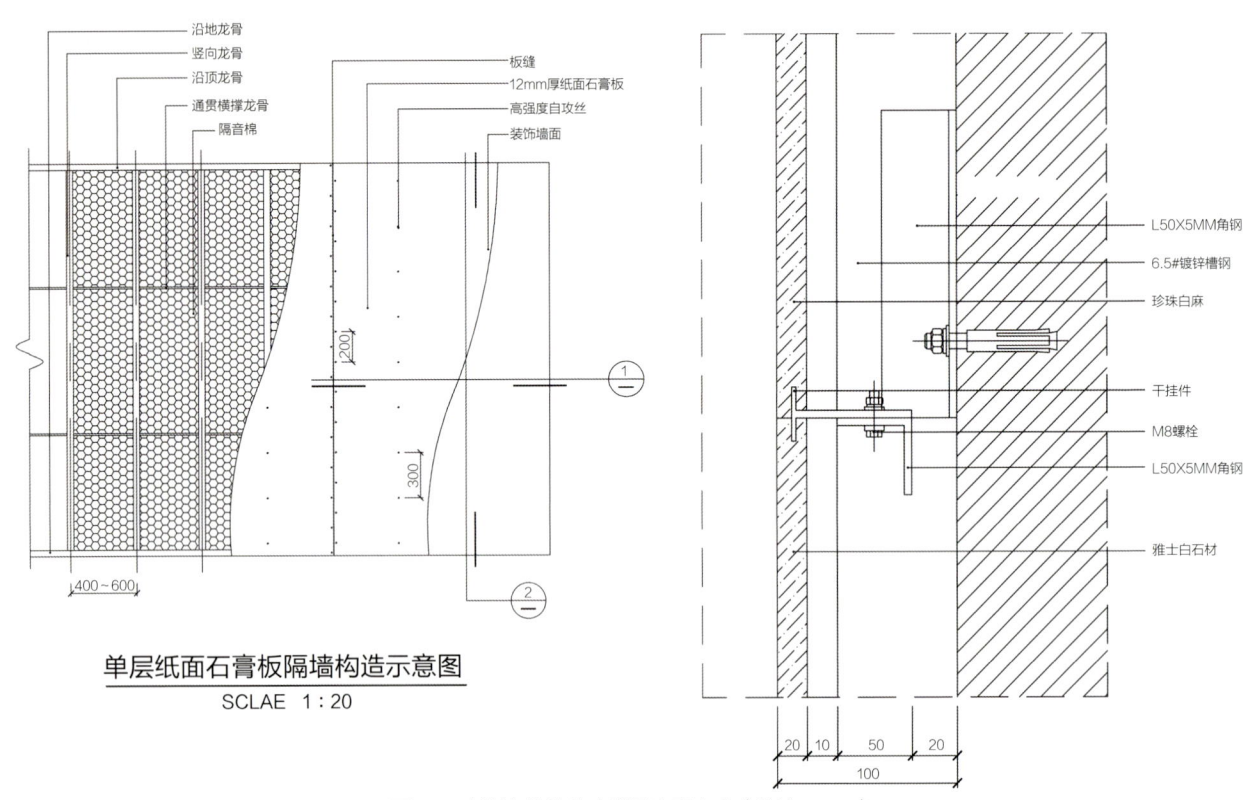

图 5-3 材料与构造的大样图表现方式（单位：mm）

（二）材料与构造

别墅空间中涵盖了室内外的各种装饰、造型、材料等，因此材料与构造包含了室内和景观两大类，皆是别墅环境效果营造和实现的重要手段。材料与构造在设计之中是紧密相连的，任何材料的使用都必然需要考虑构造和施工，它们能准确显示出设计的造价、施工难度、工艺、审美价值等。实际上，在初步方案设计中就应将材料与构造的相关内容纳入考量，而对针对性的集中设计则更多地在详细设计阶段得以体现，将空间中每个细节的构造都表达出来。图纸中主要表现通过大样图和详图设计来明确阐述空间细节塑造的方式。（图5-3）

常见的别墅材料种类有：木材、石材、砖材、胶凝材料、陶瓷、玻璃、金属、塑料、织物、壁纸、涂料油漆等。每一种材料都能再细分为更多种类，并且有各自的常用尺寸和特性，针对各自种类都有相对应的构造方式和施工技术。

（三）植物设计

在详细设计阶段，植物设计主要任务是确定室内植物和庭院景观植物的位置、大小、形状和造景方式。尤其要对庭院植物设计的相关内容进行细致考虑，如植物种植施工、工程预结算、工程施工监量和验收等。此阶段的植物设计应准确表达出种植设计的内容和意图，为后期施工提供科学依据。关于种植设计局部图纸的表达，要求涵盖植物高低关系、植物的造型形式，通过立面图、剖面图、参考图及文字与标注等共同说明。植物种植的形式可分为点状种植、片状种植和草皮种植三种类型，各种形式可用不同的针对方法进行标注。

四、设计表达

（一）设计构思表达

在进行别墅设计最初的创意构思时，应尽可能地扩展思维，充分发挥自由想象力。设计师在结合前期调研与分析基础上所形成的初步方案需要通过一定的视觉媒介表达传递出来。也就是常说的设计构思表达，主要任务是使方案能较好地呈现出来用于非正式却必要的交流和评价。在构思阶段的表达中，要将几种方式综合起来运用，相互补充说明。

1. 泡泡图

泡泡图是在构思过程中较为随意的一种绘图方式，指基于功能分区原则和交通流线的需要，利用一定大小和形状的图形来表现不同空间的组织关系。泡泡图看似随意，其比例和尺度却基本对应显示出各个空间的大小、位置及相互关系。泡泡之间会用相互连接的线条或箭头，表示在此区域内的动线走向。泡泡图高度抽象化的特征在方案初期思考中非常利于设计师思路的发散，便于及时调整和更改。通常设计师研究一个空间时都会提出多种泡泡图方式，以此从不同角度进行思考，推敲出空间最佳关系，获得一个最合适的功能布局方案。（图5-4）

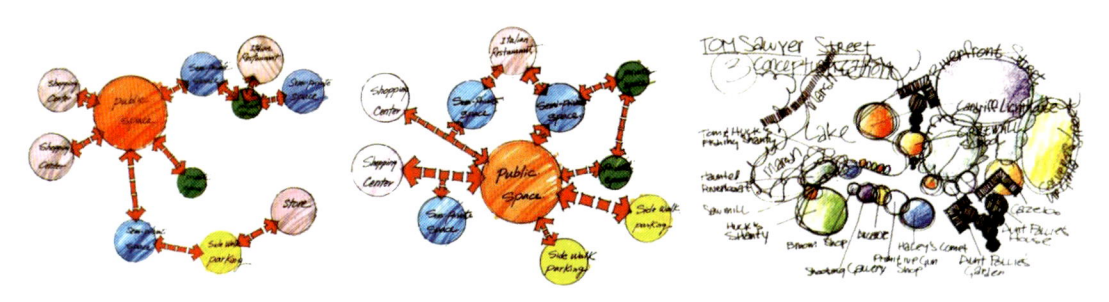

图5-4 泡泡图能体现空间关系的推敲过程

由于别墅空间通常会有多层数和室内外之分，因此在泡泡图阶段还应考虑竖向叠加空间的相互关系。由于泡泡图是最终的平面形式和空间尺度的基础，初步构思的泡泡图进一步深化则需要基于场地的图纸红线范围，不断调整和优化。

2. 平面草图

平面草图是结合前期的调研结果、图解草图、泡泡图的布局方案，在图纸中加入更丰富的相关资料，例如建筑的墙体、楼梯、开间、进深、门窗、家具陈设等，且严格按照正确的尺寸和比例绘制出平面图雏形。一般而言会选择徒手绘制平面草图，也是一种方便设计师结合当下的思考即时修改方案的手段。

3. 空间图解

空间的图解方式是设计师最基本的表现手段和设计语言，多用徒手绘制的方法，当然现在越来越多的设计师徒手绘制的工具不再仅限于纸和笔，用手机或平板产品也能达到便捷手绘的目的。对立面图、剖面图及透视图的分别思考，将设计灵感中所产生的稍纵即逝的创意火花及时地记录下来，为方案的形成提供生动而个性的素材，并能适度地深化到材料选择和造型美感。

4. 计算机辅助设计

计算机技术日益先进，也带来了巨大的设计变革，在设计构思阶段常利用计算机对设计进

图 5-5 计算机辅助设计方案图

行处理和表现。电脑建模在构思阶段能呈现出最真实的空间视野，弥补人的空间思维能力不足的弱点，协助设计师观察空间的效果与建筑环境的关系。此阶段的方案推导应回避过多的细节和造型，重点研究空间体块构成并树立空间尺度感，简洁方便，高效直观。（图5-5）

（二）设计成果表达

1. 平面图、立面图、剖面图

设计成果阶段的平面图作为正式图纸，应准确表达出空间的平面关系，别墅设计中平面图包括了室内平面图和庭院平面图。图纸中应明确空间形态及门窗位置、楼梯、室内标高、承重及非承重墙、柱子位置，尺寸标注应在原建筑平面尺寸的基础上增加细部尺寸，表明各空间相对位置关系。固定式隔断、家具和陈设要标出准确位置及尺寸，其他装饰物、灯具、植物等应标出相对位置，并附索引详图。另外还有地面和天棚的设计图及各空间平面的定位图。（图5-6）

立面图也称为立面展开图。室内立面图是指按平面图所示的展开方向绘制墙面的展开图或立面图，尺寸标注以实墙内部尺寸为基准。庭院景观立面图则主要选取重要节点结合植物配置绘制表现。（图5-7）

剖面图主要运用在表现较复杂的空间布局中，例如室内夹层、阶梯、地面等，或者庭院中的部分特色节点，标明各部分的相对关系、位置、尺寸、材料和技术要求等。

2. 效果图

效果图是表达设计最终效果的图纸，能准确地显示出空间的三个维度及其尺度；能直观体现出空间中所有物体的外观视觉和比例关系；能真实模拟空间中的光影、色彩、材料质感等，使专业或非专业人士都能获得身临其境的感受并理解设计师的意图，把握设计作品的风格和效果。

依据透视原理可将效果图分为轴测图和透视图，其中在别墅设计表现中最常用到透视图。透视图分为平行透视（一点透视）、成角透视（两点透视）、三点透视。依据绘制工具则可以分为手绘效果图和电脑效果图。手绘效果图的优点是能体现设计师的个人特点及感情，具有较强的艺术表现张力，但不易修改调整，当然目前越来越多的手机与平板参与到设计各步骤中，

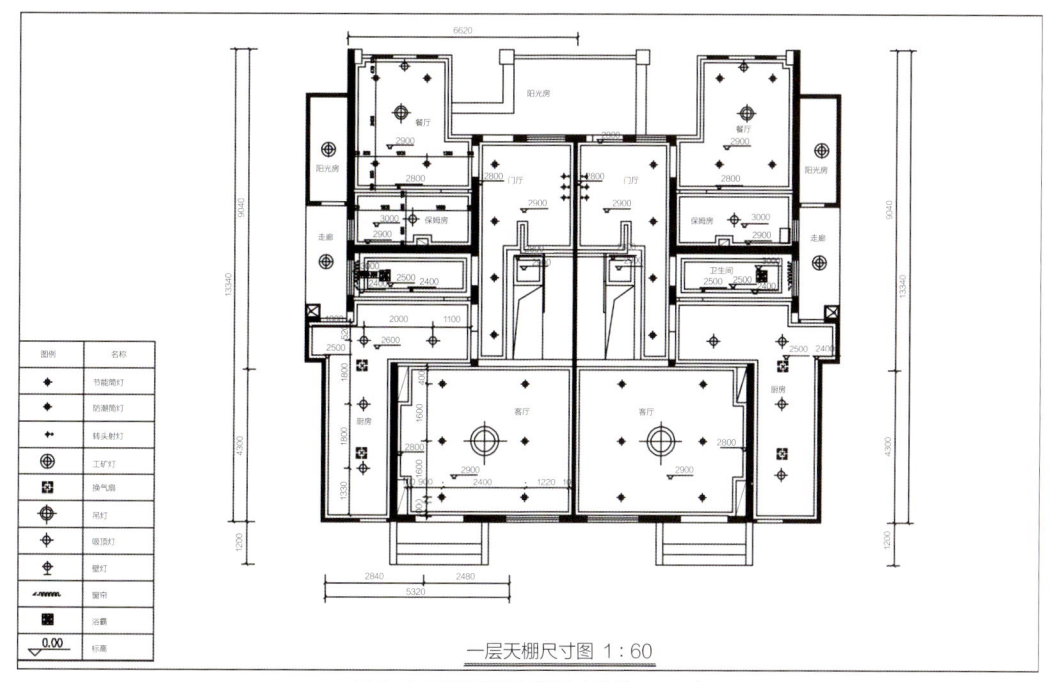

图 5-6 别墅天棚布置图（单位：mm）

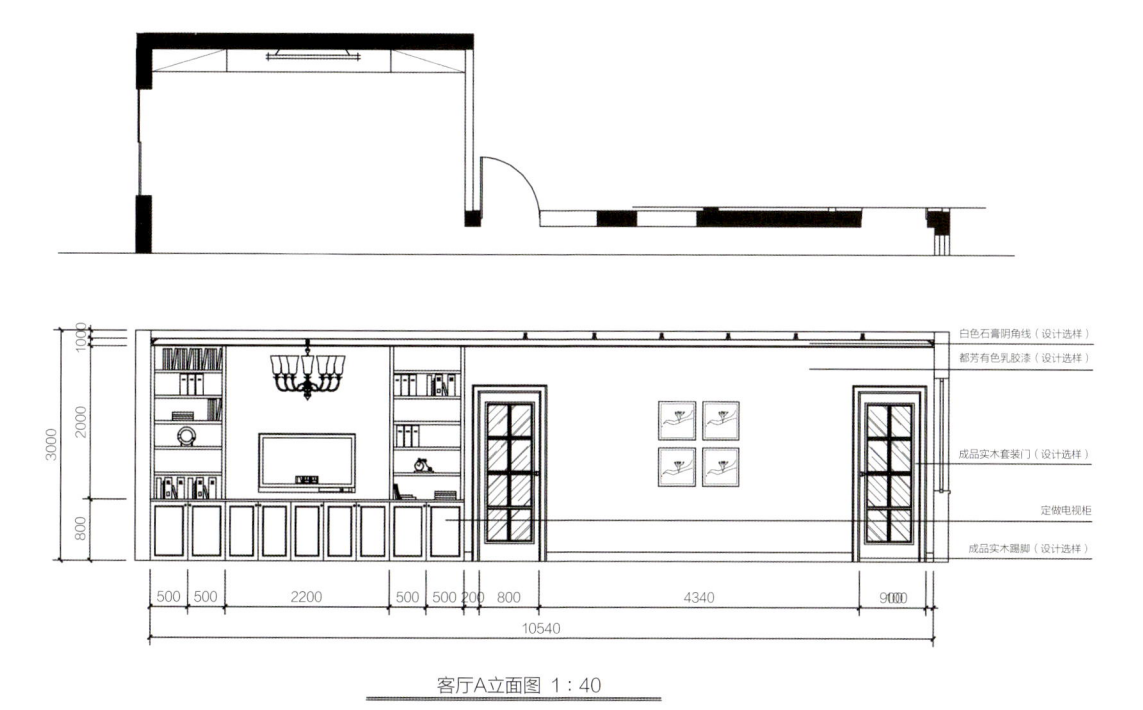

图 5-7 对应平面图绘制立面图（单位：mm）

图 5-8 效果图提供真实的空间感受

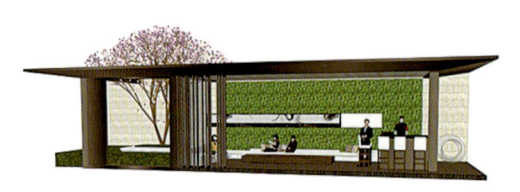

图 5-9 SketchUp 模型表现

也带来了手绘效果图的变革，例如在平板上绘制的手绘风格图纸也能快速调整；电脑效果图主要依托于三维模型的建立，对于空间尺度、构造尺寸和材质光影的表现能达到完全仿真的效果，方便后期修改，业主能更直观地掌握空间的逼真效果。（图5-8）

3. 模型

模型可分为实体模型和电脑模型，实体模型因造价高且制作难度大等原因较少应用在别墅设计中，而主要是运用 AutoCAD、3DMAX、SketchUp 等辅助软件进行电脑建模。（图5-9）

4. 施工图

施工图的目的是使工人能借由图纸将设计构想真实地建筑出来，因此施工图的最大特点是要严格按照标准制图规范进行，保证其通用和存底。

施工图主要包括：封面（工程名称、设计单位、时间、设计编号等）、首页（图纸目录、设计说明书、施工图说明）、建筑装饰施工图正图及相关专业施工图（总平面布置图、总平面定位图、天棚图、剖面图、立面展开图、节点详图等），各专业设计说明和技术要求等。（图5-10）

5. 施工及验收

依据合同时间安排，向业主提交施工图后，设计师的工作还没彻底完成。工程的各阶段，设计师都应定期到工地考察工作的品质和进度，给予现场指导。由于随时都可能在施工现场出现意想不到的情况，即使图纸非常详尽和清晰也无法百分之百地应对突发情况，此时就需要设计师到现场解决问题。同时，由于装饰材料及家具配饰的选择会严重影响设计效果，因此设计师对于装饰的材料、陈设和绿化等的选择都有义不容辞的责任。

工程完工之后，设计师若能定期回访使用者，进行项目评估，了解业主满意度，就能改善设计并对设计经验带来极大的有利影响，促进自己的专业成长与发展。

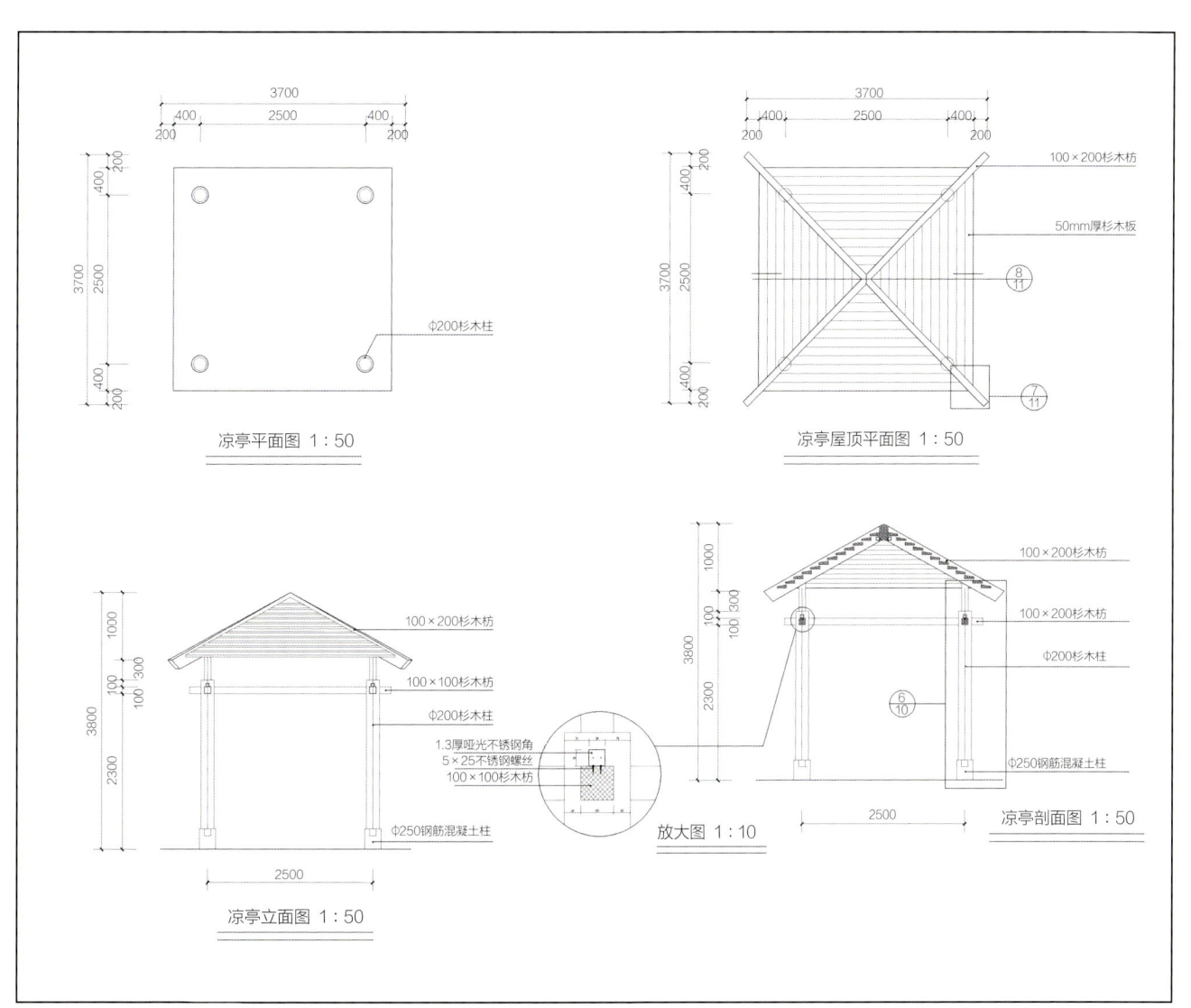

图5-10 庭院凉亭施工图表现（单位：mm）

五、单元教学导引

- **目标** 通过本单元学习，掌握别墅设计的基本流程和设计方法，把握别墅设计各阶段的表现形式，了解施工图绘制的相关知识。

- **重点** 掌握别墅设计流程，了解别墅项目定位的方法。

- **难点** 掌握各阶段设计方法，把握别墅设计的详细设计。

> **小结要点**
>
> 本单元主要学习了别墅设计的整体操作流程，其中包括前期调研、设计定位、初步设计、详细设计和施工图设计。通过对每个阶段任务的梳理，明确别墅设计作为综合设计项目的复杂体系，有助于完成整体别墅项目的实践。

为学生提供的思考题

1. 别墅设计前期调研的主要工作是什么？
2. 别墅设计的成果表现形式有哪些？
3. 别墅设计构思过程应如何表达？
4. 别墅设计的流程是什么？
5. 施工图包含哪些内容？

学生课余时间的练习题

1. 临摹绘制一套别墅施工图。
2. 参观别墅施工现场。

作业命题

选取第四单元整体方案作业中，具有特色的别墅空间进行设计成果表现，完成构思泡泡图、平、立面图、效果图和细部详细设计图纸。

作业命题的缘由

通过对别墅设计流程各阶段的专项图纸表现训练，使学生能更明确地掌握各阶段任务，巩固并提高技术能力，为别墅实践项目的综合能力打好基础。

命题作业的具体要求

1. 灵活运用景观要素。
2. 明确在不同阶段图纸表现的要求和技巧。
3. 运用多种方法准确直观地表现设计方案。

为学生提供的本教学单元参考书目

格兰特·W.里德.园林景观设计——从概念到形式(原著第二版)[M].郑淮兵，译.北京 中国建筑工业出版社，2010年.

王新福.居住空间设计[M].重庆：西南师范大学出版社，2011年.

刘文辉.室内设计制图基础[M].北京：中国建筑工业出版社，2004年.

深圳视界文化传播有限公司.设计对话：亚太名师访谈[M].北京：中国林业出版社，2018年.

花园集俱乐部.造园行业规范指导手册[M].南京：江苏凤凰科学技术出版社，2018年.

第六教学单元

基于欣赏的别墅设计分析

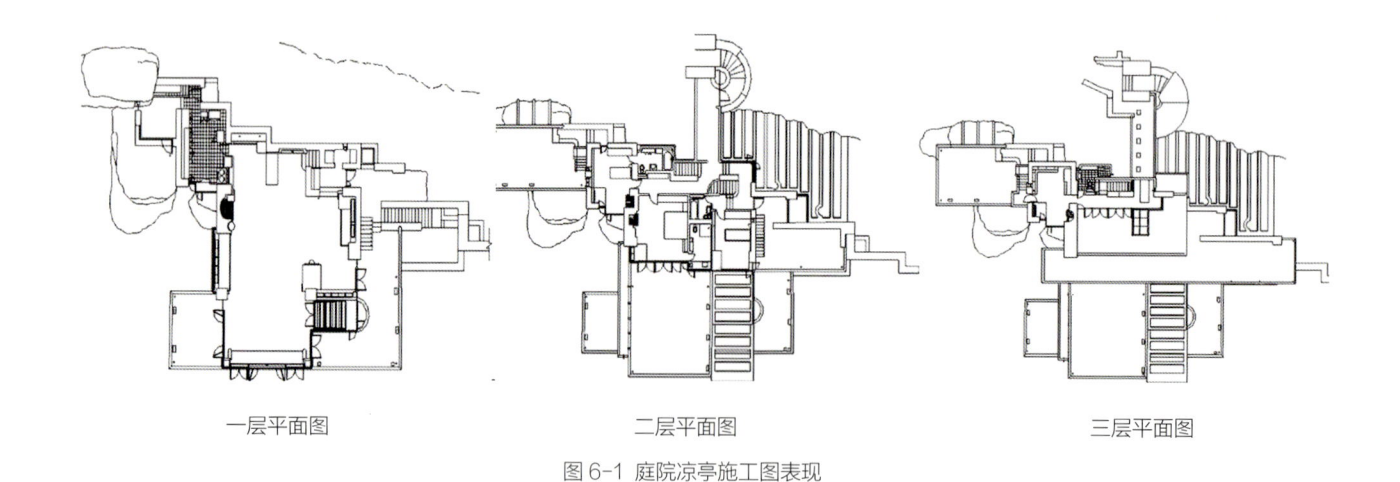

一层平面图　　　　　　　　二层平面图　　　　　　　　三层平面图

图 6-1 庭院凉亭施工图表现

图 6-2 由 F.L. 赖特设计的位于美国匹兹堡市郊区的熊溪河畔的流水别墅是现代杰出的建筑之一。流水别墅并不只是用围合空间来限定建筑形式，更重要的是通过走道、桥、平台，以及台阶这些介于建筑与建筑、建筑与环境之间的空间，形成空间体验。

第六教学单元
基于欣赏的别墅设计分析   99

图 6-3 室内空间自由延伸，相互穿插；内外空间互相交融，浑然一体。

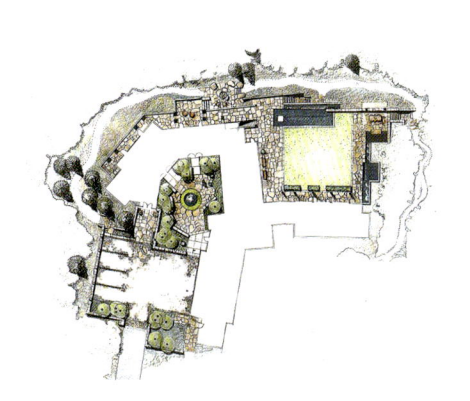

图 6-4 Woody Creek 花园是一个获得了 ASLA 荣誉奖的项目，整个庭院的设计就是别墅的一个功能性的绿色屋顶，使整个倾斜的场地不受干扰。连接别墅空间的两个庭院使每个室内空间都能享受到视觉景观，有力地证明了景观可以为建筑添彩而不是作为建筑的附属。水作为一个统一元素出现在设计之中，水雾、小溪、小瀑布还有安静的池塘描绘出了水的不同状态与形式。与众不同的细节、精艺的石雕工艺与场地形成了完美的结合。

图6-5 这座名叫"温暖"的纯木质住宅是一个非常适合度假、休憩的，具有原始风格的自然家居住宅。各个界面和家具都采用纯木制作，内部装饰唯一且独特。客厅采用客厅兼餐厅的形式，放置了八人餐桌，适合温馨的聚会。卧室的空间面积比较小，但是温暖、舒适。

图 6-6 紧靠亚利桑那州，菲尼克斯市驼峰山一侧的西班牙殖民复兴风格房屋被 The Ranch Mine 建筑公司改造成了名为 Red Rocks 的住宅。它创造了多样的自然和人造环境的住宅体验。

图6-7 拉斯维加斯沙漠中的Tresarca别墅位于美国内华达州拉斯维加斯。建筑表面筛网的设计让室内空间避免严酷阳光的照射，并形成独特的外立面。从地下室移步到私人空间，你能体验到不同材料营造的空间层次感。这种分层正如同附近红岩山体的分层，材料的改变提供了多种与岩层相关的纹理。空间交错的缝隙间还营造了绿洲、景观和水冷却空间。

参考文献

李文彬，朱守林.建筑室内与家具设计人体工程学[M].北京：中国林业出版社，2012年.
李贺楠，赵艳，卞广萌.别墅建筑课程设计[M].南京：江苏人民出版社，2013年.
武勇.居住建筑设计原理[M].武汉：华中科技大学出版社，2009年.
马澜.室内设计[M].北京：清华大学出版社，2012年.
冯柯，黄东海，韩静霁，关鹰.室内设计原理[M].北京：北京大学出版社，2010年.
吕微露，张曦.住宅室内设计[M].北京：机械工业出版社，2011年.
沈渝德，刘冬.住宅空间设计教程[M].重庆：西南师范大学出版社，2006年.
杨豪中，王葆华.室内空间设计——居室、宾馆（第3版）[M].武汉：华中科技大学出版社，2010年.
杨小军.别墅设计[M].北京：中国水利水电出版社，2010年.
周维权.中国古典园林史（第2版）[M].北京：清华大学出版社，1999年.
张书鸿.室内设计概论[M].武汉：华中科技大学出版社，2007年.
王新福.居住空间设计[M].重庆：西南师范大学出版社，2011年.
郝赤彪.景观设计原理[M].北京：中国电力出版社，2009年.
凤凰空间·华南编辑部.别墅庭院规划与设计[M].南京：江苏人民出版社，2012年.
伊丽莎白·伯顿，奇普·沙利文.图解景观设计史[M].肖蓉，李哲，译.天津：天津大学出版社，2013年.
诺曼，K.布思.风景园林设计要素[M].曹礼昆，曹德鲲，译.北京：中国林业出版社，1989年.
约翰·派尔.世界室内设计史[M].刘先觉，陈宇琳，等，译.北京：中国建筑工业出版社，2007年.